ノーバート・ウィーナー

発　明

アイディアをいかに育てるか

鎮目恭夫訳

みすず書房

INVENTION

The Care and Feeding of Ideas

by

Norbert Wiener

with an introduction by Steve Joshua Heims

First published by The MIT Press, 1993

目　次

解　説　……………………………………スティーヴ・J・ハイムズ　3
まえがき　…………………………………………………………………　19
1　発明の必要と発明のための条件　………………………………　21
2　知的風土と発明　…………………………………………………　31
3　独創的アイディアに好都合な環境と不都合な環境　…………　46
4　技術的風土と発明　………………………………………………　60
5　社会的風土と発明　………………………………………………　79
6　二十世紀初めの科学的風土　……………………………………　88
7　発明をめぐる現在の社会的環境――メガドル科学　…………　104
8　発明をめぐる現在の科学的環境――メガドル科学、第二部　…　117
9　発明の計算できないリスクと経済環境　………………………　144

10　特許と発明：アメリカの特許制度 …… 161
11　目標と問題 …… 175
訳者あとがき …… 191
索　引 …… i

発明——アイディアをいかに育てるか

解説

スティーヴ・J・ハイムズ

本書は、一九五〇年代に書かれたが今回はじめて出版されるものである。この副題（原書の副題は「訳者あとがき」参照）を見た素直な読者は、この本は何かの産業の企業経営者が書いたのだろうとお思いになるかもしれない。しかし、実はそうではなく、ノーバート・ウィーナー（一八九四―一九六四年）は情熱的な知識人で、しかも様々な分野における極めて独創的な革新家であった。彼の最も目覚ましい発明は数学の領域にあった。もちろん、我々は普通は、抽象的な数学的アイディアは純粋科学の一部であって、発明の一部ではないと考える。そういうアイディアは結局は特許権を取ることはできないものであり、いったん公表され説明されれば、使おうとする人なら誰でも使うことができる。それらはまた、機械のように手で触り目で見ることができる具体性をもたない。しかし、ウィーナーは尋常の数学者ではなかった。彼は少年時代から機械に魅せられ、機械類の細部を調べることを楽しんだ。彼は自分の数学を工学に結びつけ、工学者と密接に協力して研究することを好み、我々が普通いう意味でのあらゆる種類の「発明」の設計の基礎になるアイディアを提供した。

ウィーナーの発明の才の主要な実例の一つは、通信の統計理論であり、それは彼の第二次世界大戦中の研究の産物であった。それは普遍的な数学的理論だったが、以来、電話網から衛星中継やオフィスのコンピュータ網にわたるまでのあらゆる種類の通信システムの設計の指針になっている。彼が取り組んだ問題は次のようなものだった：電子工学的通信は、我々が送ろうとする情報だけでなく意図しなかった望ましくない雑音をも送ることを避けられない。情報を雑音から分離することは、しばしば大問題であった。ウィーナーの特有の方法は、ある広い種類の状況の下で雑音を最もよく濾し取る方法の数学的理論を開発することであった。この理論は直ちにレーダーによる航空機の観測に大改善をもたらし、またラジオ、電話、その他一般に使われる多数の装置のための雑音濾波器の設計に適用され成功を収めた。

もう一つの例を挙げると、一九二〇年代、すなわち数学的な問題を解くのを助ける近代的コンピュータの出現よりずっと前に、ウィーナーはある具体的な計算用の発明をした。一本の光束を綿密に設計されたスクリーンに投じ、透過した光束の強度を測定することにより、ある一般的な種類の積分を見積もる方法を考案したのである。これは事実上ひとつのアナログ計算機だった。それは「ウィーナーのインテグラフ（積分器）」と呼ばれるようになり、後に他の人々により改良されて「シネマ・インテグラフ」になった。ウィーナーは既に一九四〇年に、「軍備」のための数学顧問を引き受けていた時、計算機開発の最善の方向として、新しい種類の機械を勧告し、それは（アナログ式ではなく）デジタル式であるべきこと、二進数を使うべきこと、電子工学装置であるべきこと、その論理構造はチューリングの機械の構造をもつべきこと、およびデータの貯蔵には磁気テープを使うべきことを唱えた。不幸にも、彼の先見の明のある覚え書は無視され、ある役人のオフィスに何年も埋蔵されたままになったが、同じアイディアが他の人たちによって独立に発見され、数年のうちに近代的な高速デジタル計算機が生まれたのだった。

もう一つの別の発明は、ウィーナーが自分の一九二〇年代のフーリエ級数に関する数学的研究を電気回路の分析に応用したことから生まれた。彼は、もし分析することができるなら合成することもでき、従って回路がどう働くかを理論的に予知することができる、ということに気づいた。ウィーナーは、何か特定の用途のために必要な動作特性を、それがどのようなものであれ、その通りに（ある限界内で）発揮するように調節することが容易にできる回路の設計について、あるアイディアを得た。彼の学生で後に共同研究者になったY・W・リーが、この問題の工学的側面を研究し、ついにそれはよく設計された実際に使える回路に仕上げられた。一九三〇年代に、そのリー゠ウィーナー回路は特許を取得し、商業的な可能性をもつように見えた。しかし、この二人の発明者は特許に関する経験が足りなかった。二人はその特許権をベル・テレフォン社に売り渡したが、同社はその発明を抱え込んで、他者がそれを使えないようにしたまま十七年間を過ごし、ついに特許の期限が切れてしまった。

第二次世界大戦後、ウィーナーは補綴術の問題——特に、切断された手や足を、その触覚感受能力をも含めて代行する装置の設計法と、聴覚障害者の聴覚を代行する機構を作る方法——に興味をもつようになった。この問題についてのウィーナーの仕事を一九八五年に調べたある評者は、「彼が示唆したり彼が参加した特定の補綴術研究計画はどれも、彼の死（一九六四年）のため実を結ぶには至らなかったが、彼が設定した判定基準は今なお妥当である」と書いている。「ボストン・アーム（義手）」の成功は、結局はウィーナーが創始したある計画から生まれたものであり、これは彼が予見した原理が妥当なことの見事な例証である。

以上の例は、新技術の発明に対するウィーナーの独特の貢献を示すに足りる。彼は事物がどんな仕方で働くのか、または働く可能性があるのかを非常に深いレベルで理解する能力をもっていたが、自分の考えを応用し時には補正して実際に使えるハードウェアを作り上げる仕事は、普通は他の人たちに任せた。上記の最初の二つの例が示唆しているように、彼は新技術の開発の問題において非常に先見の明のある扇動者として、いわゆる第二次産業革命の発進を助けた人であり、この革命の特徴は通信と計算の新技術の開発と広範な応用にあった。

ウィーナーはリー - ウィーナー回路の特許とデジタル・コンピュータを提案したことについての経験によって、発明家たちが――彼らが世知に長けていない場合はなおさら――不当に扱われる恐れに対してますます敏感になった。彼は、数学と工学における独創的な思考と、彼自身および発明の才のある同僚たちの手仕事が社会と哲学に与える衝撃の理解との両方に等しくたずさわっていた点で際立っていた。私が大学の学生時代にウィーナーの著書『サイバネティックス、または動物と機械における制御と通信』（一九四八年）を初めて読んだ時に最も魅惑を感じたのは、この両者が組み合わさっている点であった。高度に興味深くてしばしば独創的な科学的・技術的な研究と、その研究の社会的・政治的応用の可能性に対する深刻な関心とが、一冊の比較的薄い書物の中に組み合わされており、これは全く前例のないことであった。

『サイバネティックス』は、未整理で話があっちこっちに飛ぶような型の本だったにもかかわらず、意外なことにベストセラーになった。ウィーナーは有名人になり評判の高い講演家になった。その結果、彼は自分の科学研究を大衆向けの著書で補足しようと決心した。彼の次の著書は、やはり話が広くあっちこっちに飛んでいるが、数学を含まず、サイバネティックスの思想を特に一般読者向きに述べた本である。それは『人間の人間的な使用』という書名で、初版は一九五〇年にフートン・ミフリン社から出版された。*一九五四年にダブルデー社から出版された改訂第二版では、書き方と組み立てが少々引き締められ初版よりよく整理されているが、初版に見られた発言のいくつかの辛辣さと率直さが失われている。

＊　日本語訳書は、ある事情により『人間機械論』という逆説的書名で、みすず書房から一九五四年一月に出版された。第二版の訳書（『人間機械論　改訂版』、一九六五年　みすず書房）の「訳者まえがき」に原書の初版と改訂版との主要な異同の解説と論評（本書と同じ訳者による）が付加されている。

ウィーナーは一冊目の自伝『エクス・プロディジ（元神童）』を一九五二年に書き上げた。一九五四年まで彼は二冊目の自伝『アイ・アム・ア・マセマティシャン（私は数学者である）*』の執筆をエプスタインの助言の下で続けた。ウィーナーは同僚たちについての自分の意見を自由奔放に表明したがったので、エプスタインは名誉毀損を侵す危険を避けるため彼の筆を和らげるのに苦労した。その本は結局一九五六年に出版された。ダブルデー社のジェイソン・エプスタインが、その編集者だった。

＊　二冊の自伝の日本語訳書は『神童から俗人へ――わが幼時と青春』（一九八三）と『サイバネティックスはいかにして生まれたか』（一九五六）（共に鎮目恭夫訳、みすず書房）

その間にエプスタインは、ウィーナーが発明の哲学について広い一般読者向きの本を書き、ダブルデー社が安いペーパーバックで出版する予定だと示唆した。ウィーナーは五〇〇ドルの前払いを受取り、その本の最初の原稿を一九五四年四月に書き、いや口述し筆記させた。本書の原稿はＭＩＴ図書館の文書保管所にあるウィーナーの論文類の中で見つけられたもので、現存の最終原稿であり、一九五四年六月の日付になっている（以下で引用する手紙も同保管所からのものである）。

この時期のエプスタインとの文通には事実上ウィーナーの自伝のことだけしか見られず、「発明」のほうの原稿は後回しにされていたように見える。一九五四年の後半、インド旅行から帰って後、多産なウィーナーは、脳波の数学的分析、量子論の再構成、および感覚補綴研究計画に取り組んだ。彼はまた、もっと文学的な著作を構想し始めた。彼はかつてしばらくの間、発明の歴史の中のある劇的な物語を戯曲か小説にする可能性を考えたことがあった。それは電話通信の理論の開拓者オリバー・ヘビサイドをヒーローにしてアメリカ電信電話会社とコロンビア大学の工学者マイケル・ピューピンが悪役を演じる物語だった。彼は一九四一年に、その筋書きと主役たちの概略をオーソン・ウェルズに書き送って、それを映画の台本に使ってくれと頼んだが、梨のつぶてに終ったのだった。

ウィーナーとエプスタインの間の一九五七年八月の手紙のやりとりは、なぜ『発明――アイディアの保護と育成』がついに出版されなかったのかに光を投じてくれる。ウィーナーはヘビサイド物語にますます熱中するようになっていった（この物語は本書の第六章にも出てくる）。彼はエプスタインへの一九五七年八月二日付の手紙にこう書いた：「私はヘビサイド物語のシナリオについての仕事を進めてきました。私は、それをものにする最善の方法は小説として書き上げることだと決意しました。仕事は順調に進んでいます。……この物語は実は、近代世界における発明についての私の考えをフィクションの形で表わしたものです。私は発明について純粋に解説的な本を書く計画を遂行することには、あまり気が乗りません。それゆえ、貴殿がそのような本の代わりにこの原稿を受取り、前払いして下さったお金を私が、この本の出版に対する前払い金の一部として受け取るというのはいかがでしょうか。」

エプスタインは返信で、その小説の原稿をぜひ拝見したいが、「発明の貴稿を再読させて頂きましたところ……、数カ所に出てくる専門的な問題について読者に分かりやすいご説明が欠けている点を別にしては、この本は極めて結構であり、少々手を加えてから出版すべきものと存じます。その小説と同様に出版することができない理由が何かございましょうか」と書いた。

エプスタインが、その原稿を高く評価したにもかかわらず、ウィーナーは、それに対する興味を失ったままであった。彼は五〇〇ドルの前払いをダブルデー社に返送し、「私は貴殿に最初の草稿をお渡しした発明についてのご提案の本を断念することに決めました」というメモを添えた。その間にエプスタインはダブルデー社からランダムハウス社へ移っており、結局後者がウィーナーの小説『ザ・テンパー（*The Temper*）』を一九五九年に出版した。以後は発明の本についての言及は見られない。これは読者大衆にとっては損失であった。なぜならウィーナーは解説書を書く天分には恵まれていたが、小説家としての才能は乏しかったからである。

私はウィーナーの他の私文書や出版物との関連において発明の原稿を読み、その例外的なバラ色の色調に驚かされた。それは彼が他の場で表明したもっと悲観的な展望とは対照的なものである。おそらく彼は、一九五七年に一九五四年の原稿を読み返した時、そこに含まれている楽観論は非現実的だと感じたのであろう。彼のどのアイディアの場合にも見られたように、彼は、新発明の促進のための自分の提案が、彼が憎悪する目的をもつ人々によって最も容易に採用されることに心を悩ます人であった。その原稿でさらに頭を悩ましたくはなかったので、彼はそれを自分のファイルの中へ葬ることで満足した。

この原稿は発明に対するウィーナーの態度の二面性の一方の面を主に示している。彼は、生命と文明が基本的に生き残るためには技術的発明が「ぜひとも必要」だと述べ、科学者／発明家が仕事に全身全霊を打ち込むことと、広い社会が発明家のアイディアと製作物が公益を高めると信じることとの必要性を強調している。総じてそれは希望に満ちた唱道だが、新しい基礎的なアイディアと新しい種類の機械類の限りない流れをばかりでなく、信念と献身をも要求したものである。

ウィーナーは人類の長期的な未来を気遣い、これらのアイディアを長期的な地球規模の諸問題——彼は食料不足、きれいな水の欠乏、天然資源の枯渇、環境の汚染、等々を挙げた——を解決するために適用すべきだとしたが、ここに厄介なことがある。現存の政治・経済システムは短期的な危機に対応するには役立つが、もっと遠い未来のために決定的なものになりそうな種類のアイディアや活動を支えはしない。例えば米国では、二年か四年か六年の任期で選出される政治指導者たちは、自分たちの政策の短期的効果にしか関心をもたない傾向がある。ウィーナーは私企業の経済システムを調べた結果、ビジネスもまた「比較的短期的な仕事であり、その本性そのもののため、人類の長期的な現世の利益に多くの注意を払うことはできない」という結論に達した。またウィーナーは、技術革新が主として恵み深い仕方で使われる見込みは概して乏しいと見ており、科学者と技術者たちに、この点で高い道徳性をもって行動することを絶えず要求していた。

彼が「サイバネティックス」と呼んだ一連のアイディアとテクニック（それらの一部は彼自身の着想によるものだった）およびそれらの応用について彼は、「それらは善と悪に対する無限の可能性をもつ」と書いた。しかし彼はまた、科学者と技術者たちの産物は不可避的に社会の既成権力の手に帰すると強調した。ウィーナーはまた営利目的の大会社や全体主義政府の活動様式や、特に社会の軍事部門の活動様式に関する悲観論を表明した。彼は「サイバネティックス」で、これらのグループはみな発明を明確に有害な仕方で使いそうだと論じた。彼は、抑圧的な政府と利潤志向の会社からなる我々の世界では、多くの発明は主として権力の蓄積を加速するために使われ、権力は、彼の言葉によれば、「その存在の条件そのものによって常に最も無節操な者の手に集中されてゆく」ものであるから、多くの発明は一般大衆の福祉に有害なものになると予想した。

ウィーナーは自分自身の仕事の中にこういう矛盾を通り抜けて進む道を見つけたので、発明を愛しながらも懐疑を抱くことに自信をもつことができた。彼は、その心の楽観的側面のおかげで、数学的および工学的なアイディアの研究を続けることができた。彼の心の悲観的側面は、彼をして、発明の誤用の危険性について世に警告せしめるに至らせ、また大戦後は彼に、自分が最も善良な応用であると判断した仕事にしか携わらない決意を起こさせた。

本書の前半は、発見と発明の歴史についての魅力的な物語であり、多くの興味深い脇道の話を含む。歴史を描くためには常に何らかの解釈をせねばならず、しかもウィーナーは発明の歴史を学際的につかんでいたばかりでなく、発明の過程を内側から知っていたので、彼がどの話題を選んで強調したのか、どの歴史的環境を技術革新を促進するものと見なしたのか、彼が何と何を関係づけたのかを見ることは、なかなか興味深い。いかにも彼らしいことに、彼はまず数学的アイディア、算術と幾何の歴史的起源を論じ、そこから数学と数理物理学のもっと高級な概念へ進んでいる。彼は、「数学は」非本質的なものに注意をそらさずに「本質的なものを陳述することを可能にしてくれ」、その抽象性はどんな特定分野への応用をも超越するから、数学は「発明と発見の強力な器官 (organ)」になり得ると述べ、しかし「アイディア」は有用な発明の一要素に過ぎないと書いている。

発明のもう一つの要素は、ウィーナーの主張によれば、技法と材料が得られることである。この両者の役割を調べるために、まずレオナルド・ダ・ヴィンチのノートブックに記述されている数々の発明を実例として取り上げている。それらの多くは、後に金属を加工する技法と潤滑剤の使用とがもっと発達したとき十分に実現させることができた。彼が第二に挙げている実例――光学器械の顕微鏡と望遠鏡

——では、レンズを磨く技法と、光学器械の数学に基づく器械製作法との合流が示されている。次にウィーナーは時計、帆船、経度と緯度の決定法を論じ、それよりやや多くの紙面を蒸気機関の歴史に当てている。それに続いて彼は、中国で発生して西洋に移った多数の発明のいくつかを考察し、ルネッサンス時代まではヨーロッパ文明より中国文明が優越していたことを述べている。中国人の火薬の発明と大砲の開発を述べた後で、ウィーナーは、その章を核兵器についての論評で結んでいる。

発明を促進する社会的風土の一つの特性は、科学者（または哲学者）と手職人（または工学技術者）が互いに直接に意思を疎通することができ社会的階級の壁で隔てられていないことである。第五章でウィーナーは、この問題を西暦紀元前四世紀の古代ギリシャから中世ヨーロッパを経てフランスの政治革命とイギリスの産業革命に至るまでの長期にわたって跡づけ、ベンジャミン・フランクリン、ランフォード伯爵、ファラデー、マクスウェル、ケルビン卿などの人物についての議論で章を結んでいる。次の章では、トマス・エジソンの社会的な技術革新である産業会社の科学研究所、および電話の歴史と電気通信産業の発展が論じられている。この章でウィーナーは大西洋横断海底電線の話と、電話通信における音声の歪みの最小限化について述べ、あるアメリカの会社がコロンビア大学のある教授と共謀して、エクセントリックな発明家オリバー・ヘビサイドの正当な権利を奪ったいきさつを描いている。

発明の歴史についてのウィーナーの概説は、多数の技術的に詳細な実例が単純な言葉で描かれている点で際立っている。この本を啓発的な読み物にしているのは、その一般的な主張よりはむしろ具体的な詳細が豊富に織り込まれている点である。文体は平易で談話体に近く、寓話が豊富に盛り込まれ——総じて簡潔で楽しく才気縦横の発明史入門であり、一般読者と学生たちに今日でも執筆当時と同様に好適な書物である。

ウィーナーは、以前の科学技術史家の多くと違って、ヨーロッパ中心主義的ではなかった。彼は本書で、例えば、なぜ中国がそんなに長期間にわたり技術と発明でヨーロッパより遥かに進んでいたのかという問題に触れ、その理由は、儒教では学者と手職人が比較的高い地位をもち軍人と商人と経営者が比較的低い地位をもつことと関係があるのではないかと述べている。この興味深い歴史的問題は、その後ジョセフ・ニーダムによって系統的に深く調べられた。ニーダムの論文——例えば『ザ・グランド・ティトゥレーション』に収められたもの——はウィーナーの説への補足として役立つ。

同様にして、フランス革命と産業革命の社会的条件についてのウィーナーの議論は、例えばエリック・ホブズボームの『革命の時代——一七八九—一八四八年』のようなその時代の一般社会史書によって補えるだろう。多くの技術史書に強調点や解釈についてどの程度の任意性があるのかを知るためには、興味ある読者はアーノルド・パーシーの好著『発明の才の迷宮』をも眺めるとよかろう。

本書の後半では、ウィーナーは米国における諸発明およびそれらと社会的・経済的体制との関係についての諸問題を扱っている。本書は第二次世界大戦後十年間の冷戦中に書かれたにもかかわらず、冷戦の恐怖や軍国主義や機密に影響されていない。ウィーナーは当時、冷戦は一九九〇年代初期まで続くだろうと、驚くべき正確さで予見し、人類の長期的未来に特に注意を向けたのであった。「我々の長期的な主要な敵は、従来からの飢え、渇き、無知、人口過剰の脅威、およびおそらく新しい危険である我々が住んでいる世界の汚染のなかにあると見るべきである」と彼は書いた。ウィーナーは発明のための条件を、冷戦や金銭的損得のような短期的問題の枠の中で査定したのではなく、人類の長期的な必要の枠の中で査定したのであるから、彼の言葉は冷戦後の今日にも引き続きあてはまる。

第七章と第八章には戦後時代における発明の社会的環境についてのウィーナーの考えが書かれている。彼は大研究所、特に会社の大研究所で、はっきり限定された任務と高度の専門分化の下で人々が働く体制が、常態となりつつあることを憂い、独立の自由奔放な科学者と発明家が稀になることへの危惧を表明した。彼は、科学それ自体のために科学に真に献身するのでなく出世や金儲けに熱心な「科学冒険家」がますます抬頭してくるのを嘆いた。彼はまた研究と技術開発に機密がますます広がってゆくのに落胆し、こういうやり方には多くの害があると主張した。一九九〇年代になっても金儲けは依然としてあまりにも顕著な社会的関心の的であるから、ウィーナーが言った「第一級の真の科学者は、彼自身の活動の本性のため、忙しすぎて金や通常の成功の印にあまり構ってはいられない男だ」という言葉は（当時の時代の性差別用語にたじろがざるをえないにせよ）、今なお清涼な響きをもつ。

科学と発明の組織形態が取りつつある方向についてのウィーナーの関心は明白であるが、これらの方向に対する彼の批判は思慮深く、彼の主張は常に興味深く、しばしば説得力がある。これらの批判と織りあわされて、原子爆弾の科学史と一つの言語を別の言語へ人間の介入なしに自動的に翻訳する機械を設計する前途有望ではない努力とが概説されている。ある任務へ向けられた研究と、もっと自由奔放な研究との対照によって、彼は「発明の逆の問題」に行き着いている。「多くの場面で我々は、何らかの方向へ我々の力を増大させるに違いない新しい建設可能な道具または新しい知的な道具をもっている。問題は、それがどんな方向かという点にある。これらの新しい道具の使用によって我々は何を達成できるのかを発見することは……真に一つの発明または発見の仕事である」。彼はこの主張の例証として電動機と真空管の歴史を挙げている。今日だったら彼はパソコンを挙げたであろう。第十章でウィーナーは米国の特許制度のいくつかの不満足な特徴と、それによって生じる不衡平を述べ、社会は独立した「自由契約（free-lance 無所属）」の科学者に酬いる道から利益を得られるのであり、そういう道を作り出すべきであると結論している。

こうして『発明』は、発明の歴史に対する優れた道案内の書であると同時に、新しいアイディアの出現を促す条件について多くの考えと観察事実を提供している。それは科学的または技術的に発明的な頭脳の保護育成を論じているものなので、教育と技術的競争力の問題に関心をもつあらゆる人にとって特別興味深いであろう。科学者、発明家、技術者、およびそれらの職業を志す学生たちにとっても、自分自身の要求を現在または予見される未来の労働条件と照らし合わせて考えるとき、本書は大いに役立つであろう。

ウィーナーは技術革新の存在理由は人間の生活の諸要求にあるということを認めてはいるが、発明と技術の計画化に対するユーザー側からの見方にはあまり注意を向けておらず、従って発明についての彼の哲学は全面的な技術哲学ではないことを指摘せねばならない。ユーザーまたは消費者の立場から眺めれば、本書には、人々全体の生存にとっての発明の必要性についての公理的な主張と、冷戦活動も市場機構も長期的な公共の利益にうまく嚙み合ってはいないという一般的見解以上のことはほとんど書かれていない。

これらの一般的見解は今日にも全く同様に当てはまる。市場とその諸要求が再び全世界の経済を支配している。冷戦に代わる今日の諸活動は、限られた資源を引き続き兵器の開発と戦争を含むあらゆる種類の軍事事業に流用する活動である。我々は毎日毎日、環境がますます劣化し、人間の死活にかかわる必要なものが枯渇してゆくのを思い知らされている。一九七〇年代にニコラス・ジョージェスクーレーゲン、ヘーズル・ヘンダーソン、アンドレ・ゴルツその他の人が、我々が生き残るためには何を為さねばならないかを分析し明るい未来を訴える活動を始めた。今日いくつかの研究グループと他のいくつかの独立した組織が人類の全地球的な長期的展望に基づくことを規範にする集団生活の模擬をおこなっているが、それらは社会的に有力なものではなく、彼らの勧告を具体化するのには今日得られる政治的および経済的な機構はあまり効果的ではない。過去四十年の事態によって強化された不可避な結論によれば、既存および未来の技術を世界のあらゆる部分に住む人々に真に奉仕させるようにするためには、まだ多くの社会的・政治的・経済的な革新と変化が必要である。これらの政治的問題には異論が多いが、我々がそれらの問題に取り組む必要は、一九五四年当時よりいっそう緊急である。

まえがき

本書は、ダブルデー社のアンカーブック叢書の編集者ジェイソン・エプスタイン氏の要請により書くことになったものだが、そうなったのは二人が最初はこういう問題について本を出すことなど格別念頭に置かずに数回話し合った結果である。私は、アンカーブックスのような安いペーパーバック叢書こそ、このような原稿の出版にうってつけの場であると思うので、エプスタイン氏に深く感謝している。

本書に何らかの価値があるとするなら、それは学術の世界と発明の世界で今日起こっている出来事へ人々の注意を喚起し、根本的には、私が現代の不幸な潮流と思っているものに対して人々が明確な態度をとるようになることに資するという点にある。

この種の訴えは、知的職業人や四—五ドルの本を気軽に買える人たちのような狭い読者層だけに訴えるのでは、あまり役にたたない。したがって本書をこのような形で出版することは、本書がもちうる価値そのものを高めることになる。

私は本書を、数名の友人、特に我がＭＩＴの人文学部のカール・ドイッチュ教授とＷ・Ｄ・スタールマン氏と討論した。この二人の方はどちらも、多くの詳細にわたる積極的な批判を述べてくださり、その多くの部分を私は本書に取り入れた。ここに、両氏への感謝を記す次第である。

私はいつも、ものを書くさいには秘書に口述する方法を使う。それはディクタフォンへの口述とは違う。このやり方での秘書の積極的で暗黙裡の批判が、私にとってたいへん役に立つ。本書の著述にさいし苦労を共にし感受性豊かな手助けをしてくれたバーバラ・ビーンモント・コールさんへの謝意を記したい。

マサチューセッツ州ケンブリッジにて

一九五四年六月

1　発明の必要と発明のための条件

本書は、ある意味では、マサチューセッツ工科大学で工学と科学と経済の発展と密接に結びついて過ごした三十五年間の反省の産物である。もう一つの見方では、本書はダブルデー社のアンカーブックス叢書に発明についての本を書いてくれというジェイソン・エプスタイン氏の要請に対する特異な応答である。このテーマは長い間私の興味をかきたててきたものなので、私は書きたいことを自由に書き、省きたいことは自由に省くという条件のもとで発明に関する本を書く機会を得たことを喜んだ。

我々は今日、次の事実により、従来のあらゆる時代と違う時代に生きている。それは、新しい機械類および概して我々の環境を制御する新しい手段の発明が、もはや散発的な現象ではなくなり、我々は単に生活水準と生活環境の改善のためにだけではなく、将来の文明生活どころか将来の生存を何とか可能にするためにさえ、ぜひともそのような発明に頼らねばならないことが暗に認められるようになったという事実である。何十年も前から、ある種の天然資源が枯渇に近づいているということが言われてきた。

我々は今まで、原料物質の欠乏がある重大な点に達すれば、新しい技術開発のようなものが何か現われて我々を救ってくれるだろうという考えを、かなり漠然とした形で抱いていた。

しかし最近までは、我々に不可欠な資源のこのような枯渇の切迫は、たいていの主張者からは、我々が数百年か数千年先に、最悪の場合でも半世紀先に直面せねばならない新しい事態として唱えられたのであり、今日存在する人口の多少とも大きな部分が実際に生きているうちに起こる問題としてではなかった。絶えず進んでゆく技術の成長、そして二つの大戦と長期にわたる軍事的緊張によって特に加速された成長が、これらの資源の欠乏の多くを、かなり身近な問題にし、我々の計画能力の少なくともかなりの部分を今日只今それらの問題に注ぎ込まねばならなくした。

鉄のような最も普通の最も無尽蔵な金属でさえ、我が国への供給は、枯渇したメサビ山脈のような標準的供給源を補うため地球上の遠隔地に新しく発見された供給源に頼ることを可能にする技術の絶えざる開発と、これらの金属を低品位の鉱石のなかに閉じ込めているエネルギーの壁を破ることを可能にする技術によって維持されているにすぎない。エネルギーの壁と言ったのは、固くてかさばった貧弱な鉱石を処理する機械的な問題と、ますます高い温度を要する製錬の問題の両方を意味する。鉄の場合と同様だが遥かに切迫しているのは銅、鉛、および特に錫の場合で、これらは既にほとんど貴金属の地位に達している。また旧来同様に希少だった数十種の金属が、今では研究室での興味の対象にすぎないものではなくなり、産業の基礎材料の一部になった。

古来あらゆる高度な文化は灌漑の技術をもっていたにもかかわらず、我々は今まで文明世界の大部分で水をほとんどただの物資と思っていた。そのうえ、水は産業の運転に必要なエネルギーのかなりの部分を我々に供給することのできるただの物資と思われていた。今では水力の新しい供給は、もはや我々の動力需要の成長に匹敵する量は見込めず、水のもっと普通の用途である飲料用と熱機関の冷却用と産業に使われる独自の原料としての水も、ほとんど全世界で地下水位の低下の危機に直面している。従ってロサンジェルスのような乾燥地帯にあって目の前に大量の使えない水である海をもっている都市は、その存続そのものが、経済的に実行可能な海水の淡水化へ向かっての我々の現実の進歩と、このまだよく開発されていない技術の将来に対する我々のわずかな期待とにかかっている。

人間にとって飢えは渇きよりいっそう重大な問題である。一世紀前に西洋世界であったものの経済的および社会的な領域が拡大して、絶えず飢えに瀕している高い人口密度の地域を含むようになったばかりでなく、我々は人間の繁殖能力の圧倒的な力に何らかの制御を加えなければ飢えの問題には限りがないことに気づくようにもなった。しかし、たとえ我々がバッタやタビネズミのように銘々が食い尽くして種の自滅に至るような増殖の高まりを防ぐことができても、誰も今日のように人類の優に半数が置かれている栄養不足の生活水準では満足できない。太陽エネルギーを草に変え、草を肉に変えるという効率の低い方法は、生活水準が比較的高い国々の大きな部分が頼っている方法だが、かなり近い未来にとってさえ明らかに浪費が多すぎる。牧畜と農業と漁労の改良された方法は、危機を数年か数十年は防げるし、防ぐにちがいないが、今日我々が日光の光合成の利用を改めて、光合成の基本原理に立ち戻り、脂肪と炭水化物と蛋白質の生産者として単細胞の藻類がもつ可能性を探究することを強いられているのは、決して偶然のことではない。

こうして我々は発明の恩恵によらねば生きてゆけないのであり、単に既になされた発明に依存しているだけではなく、新しい未だ存在しない未来の発明の見込みにも依存している。我々は発明というものがもはや人間にとって資本の源泉にすぎぬものではなく所得の一部である世の中に身をゆだねているのだから、この所得の本性と、将来この所得をどの程度規則的または不規則的に当てにできるのかを、非常に注意深く考察せねばならない。

ところで、発明の歴史も、発明の心理学も、時の経過と科学と人間の要求の発展にともない何時どんな場合に発明が生まれやすいかを支配する原理の類も、今なお極めて不分明なままである。一つには、発明には非常に偶然的な要素があるので、ある一つの発明が要求されるだけでは、その発明が生じそうな研究分野へ努力が向けられたり、長い目で見ればそのような発明が促されるにせよ、その発明がある一定の期間内に起こることは何ら保証されない。

私はこれまで発明と発見の歴史を次の二つの史観の間の極めて激しい闘争の場であると痛感してきた。その一方は、前世紀の末までたいていの歴史家の好む出発点だったものだが、その史観によれば歴史は概して国王や政治家や将軍や偉人たちが主役を演じる劇場である。これに反し、マルクスとエンゲルス以来、我々は歴史を経済的および大きな社会的な諸力が相互作用する演劇と見なすことを教えられてきた。この演劇においては個々の人物は、これらの諸力のやや偶然的な化身にすぎない。俳優たちはギリシャ演劇の合唱隊の副えものである。

キップリングは、この二つの史観の違いをイギリスとアメリカの愛国心の違いの議論のなかで劇的な仕方で強調した。彼によれば、私もこの点で彼は全く正しいと思うのだが、イギリス人の愛国心は国王を中心にしているが、アメリカ人の愛国心は国旗を中心にしている。彼は「我々（イギリス人）の国歌にはロメオが多すぎバルコニーが少なすぎるが、アメリカの場合はバルコニーばかりだ」と述べている（*From Sea to Sea* 第二巻三六号）。国王の演じる役割はロメオのそれで、国旗が演じる役割は本質的にはバルコニーに掛ける飾り布のそれである。科学と発明を歴史的に扱う場合には、ロメオの役割とバルコニーの役割の比重はどうであろうか。

ロメオ的な見方は、ポープの詩「アイザック・ニュートン卿に捧ぐ」の中に見られる：

自然と自然の法則は、闇の中に隠れて横たわっていた。
神が「ニュートンあれ」と言われた。すると光が満ちた。

歴史の経済理論では、すべてがバルコニーでありロメオはいない。この理論は、ソ連のイデオロギーの本質的な部分をなすばかりでなく、西側でも、マルクスや共産主義と何か共通性があるとされれば打撃を受けるような種々の社会的要素のあいだに実践と理論の両面で広くひろがった。科学や人文学や発明に対するこのような見方に呼応して、注目の重点が、大学の研究室や自由業で自宅で研究する個々の学者から、会社や政府の研究所に集まって各人が集団全体の大きな課題に少しずつ寄与するような学者たちの大集団へ移った。

学術面のこのような発展は、一台の馬車全体を製作する職人から、組み立てラインに配置されて特定のボルトを締める作業に生涯を費やす部分労働者への変化にぴったり対応する。マルクスは職人から産業労働者へのこの変化をよく知っており、科学的発見のレベルでも同様な研究者の無個性化と社会的に制御された努力への変化を認める見方に決して反対したようには思わない。ともあれ、ロシアとアメリカのイデオロギー的な違いがどうであれ、現実には、責任の分割どころか細分化さえ含む大規模な研究への傾向が二つの国で同様に現われている。私の思うに、思考と責任のこのような細分化をもたらすものが商業的な研究所であるか地方自治体や国家の研究機関であるかは大して重要でない。

どちらの種類の研究機関も、厳密に特定の任務を課された仕事に対しある金額の予算を割り当てられ、どちらでも学術労働者は前もって設定された作業手順に終始従わねばならない。にもかかわらず、ロシアとアメリカのいずれでも、もっと普遍的で抽象的なレベルの、もっと大きな自由度をもつ科学に、いくらかの、かなり大きくさえある注意が払われている。そういう活動の場は、大学である場合もあり、アカデミーである場合もある。しかし、どちらの国でも、世間一般の目にも、高級管理者の目にも、あらかじめ一定範囲の責任を課されていない自由業的な科学者は、必要と見なされるにせよ、科学の発展のために寵愛される子ではなく継子扱いにされるようになってしまった。アメリカでは、そして私の目には確かにソ連でも、ジェームズ・B・コナントのような人は、天分のある若い継子が飢え死させられてしまう恐れに気づいている。しかし、そういう継子の必要性は、どちらの国でもかなり不承不承に認められているにすぎないことは、疑う余地がない。

従って本書の目的の一つは、発明と発見の中の個人的要素と文化的要素を適切に評価することである。この問題の複雑さは、発明には個人と環境との相対的比重が全く異なるいくつかの段階があることによって輪をかけられている。しかし、この評価に着手するためには、まず、影響と因果関係というものの意味について、我々の素朴な概念を、もう少し明確なものにしておくことが必要である。なぜなら、そのような枠の中でなければ、個人と環境との間の釣り合いということは意味をもたないからである。

影響や因果関係を査定するためには、我々は因果関係が何らかの仕方で局所化している世界を相手にしなければならない。もし過去の世界全体が原因になって未来の世界全体が引き起こされ、それ以上特異なことは何も言えないのなら、因果関係というものは、あまりにも全面的なものであるため、分析に役立つ概念ではない。しかし、もし我々が因果関係をこういう漠然とした意味を越えたものとして考え、様々な大きさの因果関係という量を考えることができるとするなら、我々は不完全な因果関係を測定できる世界を考えなければならない。ニュートン物理学ですべてがきっちり決まった世界では、因果関係［の大きさ］というものは全く問題にならない。なぜなら、因果関係を査定する方法は、世界の中の一つまたはいくつかの因子を緩めて、過去におけるその因子のずれが現在および未来にどう影響するかを調べることだからである。

この事態はトラス橋の問題に出てくるものと非常によく似ている。その様々な部材がになう歪みを調べるためには、橋のどこかに錘を置いて、次々の構造単位の間の曲がりを測定する。もし曲がりが全くなく、橋がふつう過剰決定と呼ばれる種類の構造であるなら、それは本質的にはどの一つに部材を除去しても壊れないことを意味するが、その場合はおそらくどこか一つの構造単位が歪みを設計量より莫大に多く担っているのであり、そのためその橋は危険である。

これは単にあら捜し屋の学者にとっての理論上の難点であるだけではなく、実際に橋の破壊の原因になる。溶接橋は完全無欠な場合にのみ釣り合いを保つことができ、測定にかかるほどの撓みを生じないほど頑丈な材料を使った溶接橋は、内部応力の分布の観測できない悪さのため、これといった原因なしに壊れた例が数々ある。

同様にして、一つの系に何らかの有効な因果関係が見られるためには、その系がもしわずかに異なる仕方で組み立てられていたならどんな振舞いをしたかを考えることが可能でなければならない。例えば、もし我々が発明の歴史にとってのニュートンとエジソンの重要さを比較しようとするなら、ニュートンが出なかったら発明の歴史がどうなっていたかと、エジソンが出なかったらどうなっていたかの両方を考えることができなければならない。

私が本書で支持しようとする説は、発明の過程には少なくとも四つの重要な契機が生じるという説である。それには初期に生じるものと、後期に生じるものがある。理論または実践の中で何か新しいアイディアが生じるためには、まず誰か一人または数人の人が自分の頭の中でそれを思いつくことが必要であり、しかもそれが人々にわかる記録の形で保存され、それが知的風土の中に変化をひき起こさねばならない。この段階では、個人の働きの効果が絶大である。適切な独創的頭脳がなければ、ずっと後になってある種の進歩が起こる可能性はあるにせよ、それはたぶん五十年か百年も先のことになる。

発明を促す第二の要素は、適切な材料または技術の存在である。それらは、本当は最初のアイディアの一部ではないが、そのアイディアをうまく実現させるためには必要なものである。本書で後に、これらの一見外的な材料または技術の変化の実例をいくつか挙げよう。

新しいアイディアが生まれ、それが文書に記録されるか、既存の材料や方法に頼る現場の職人にわかる一般に認められた概念に組み込まれた場合、それから実際に使える発明がいつ生まれるかは極めて不確定である。そういう場合には、とかく同じ発明が多くの場所で互いに独立に生まれやすい。発明のこの段階はロメオよりバルコニーに属し、この段階には科学や産業の経済理論が特によく当てはまる。

しかし、新しい方法が学者から職人へ伝わるためには、この二つの非常に違う型の人間が、その時代の社会制度の枠内で互いにコミュニケートする手段がなければならない。プラトンの言葉を言い換えれば、職人が哲学者（愛知人）になるか、哲学者が職人にならねばならない。ペリクレス体制下のギリシャでもプラトンの時代には、職人と哲学者の間のコミュニケーションはおそらく文明時代の中で後にも先にも最低のレベルにあった。ダイダロスの発明の才に対する古代クレタ人の尊敬は何百年ものあいだ減退し続けてきたのであった。アテナイの盛大な時代にペリクレスは、特に腕のいい職人に市民になることを許す古い法律を廃止した。この点で彼はパトリック・マッカラン上院議員の役割を果たした。

ペリクレス時代の後にギリシャの都市国家は崩壊し、読み書きのできる狭い支配階級に限られていた文化が精神的浸透作用によってアレクサンドリアやシュラクサイの新しい都市へ広がった。それらの新都市でギリシャ人は、エジプト人やフェニキア人などの異民族と肩を並べて生活し、何より重要なことに、それらの地で新しい下層階級がギリシャ文化の財宝に接するようになった。こうしてヘレニズム時代の職人はアテナイの市民の知的創造物にあずかることが可能になった。

以上で述べた知的風土、技術的風土、社会的風土という三つの段階の後に、発明が経済的風土に依存するもう一つの段階がやってくる。発明が広く人々の手にとどくようになるためには、それを促進する方法がなければならない。たいていの条件の下では、このことは、一部の個人または階級が発明の推進によって生計を立てることを可能にするような過程がなければならない。もしある技術的改革に不可避なリスクが、その改革を最初に実行した人々にあまりに集中するものであって、それらの企業家のリスクを相殺する手段が何もないなら、誰もそんなリスクをあえて冒しはしないだろう。こういう環境の下では（実はアレクサンドリアと概してルネッサンス期のイタリアではそうだったが）、新しいアイディアや新しい技術は幻影になってしまい、決してその時代の手には負えない。

本書の以下の部分では、発明のこれら四つの段階を順次に調べて、いくつかの特定の時代と、それらの時代の間の釣り合いについて論じ、最後に発明の現代史と、望遠鏡を通してぼんやりと見えるその行く末を述べることにする。

2　知的風土と発明

発明の主な要因の一つとしての知的風土については既に述べた。本章ではその一般的な言葉をもっと具体的に説明し、知的風土の変化において特に重要ないくつかの時代を検討しよう。

比較的予言しにくい変化の一つは、古代インド人の間で起こりマヤ人の間で再び起こったように見える変化で、それは大きな数を書き記す場合に、位置の利用が特定の数に特定の記号を使うことを補足できる、ということが発見された時に起こった。位置のこのような利用は、例えば、我々が百二十五という数には125という記号を書くことを可能にしてくれる。この記号法では、一百は左へ二単位ずらした位置に書いた数字1で表わされ、二十は左へ一単位ずらした位置の数字2で、五は最も右側の位置の数字5で表わされる。こうして数字を組み合わせた125は一百プラス二十プラス五を表わす。

インド人によるこの原理の発見は、算術を紙の上でやることを可能にした。概念形成の点から考えれば、位置をもつ数字をもたらした最初の発明の時点は、おそらくこれよりずっと前である。古代のギリシャおよびローマと古代中国との両方で知られていた最も簡単な形の算盤では、いくつかのビーズ玉の移動を使って一つの数字を表わし、これらの玉を通した棒の位置が、その数字の位を表わした。従って我々は既に非常に古い時代に位取り記数法を持っており、それは書かれた記号ではなかったが、十分に明瞭で扱いやすかったので、算盤をすばらしい計算道具にし、算盤を知っているが書く位取り記号をもたないあらゆる人々ばかりか、紙上で計算をすることができる人々の多くにとってさえ、算盤を紙上での計算に代わるものにした。算盤によるこの計算、しかも位取り記数法の理想的な算盤によるものが、マヤ人により二十進法で独立に発見された。

この発明が歴史的に見て一つの知的勝利であると言えるのは、有史上でこのアイディアが生まれた回数が比較的少なく、それが繰り返し発明された時点の間の隔たりが莫大だからである。位取り記数法の発見は、今日の我々には分かりきったことの発見のように思われるが、長い年月の間それは、もし発見されれば役に立ったはずで理論的には確かに発見が可能だったのに、実際には発見されないままだった。なぜかはよく分からないが、この発見は、どこかの思考家がふと思いつくたびに発見の一歩手前にあったが、世界はその後何世紀も位取り記数法を未発見のまま、算盤さえなしに過ごすことができたのである。この二つの密接な関係のある発見がなされると、商人と職人の仕事は以前よりずっと容易になった。これらの新しい発見がいかに役立つものだったかは、それらが急速に国から国へと伝わり、ついにインド人の位取り記数法が母国とイスラム世界とヨーロッパの共有物になったことから分かる。しかし、全世界へ広がったにもかかわらず、この革新がなされてから何世紀もたつまで、人々は、それがいかに素晴らしい変化であったのかを知るに十分なほど客観的に、それを回顧することはできなかった。

　位取り記数法が人類の継承財産になるためには、まずそれが誰か個人の頭の中で生まれなければならなかったのと同様に、ギリシャ人の平面幾何と立体幾何の発見も、最初は自明ではなく、数世紀どころか数千年かからねば十分に評価されることができなかったという特徴をもっている。直線と円はいくつかの非常に簡単で知的に言い表わせる性質を使って調べることができるということは、今日からみれば初歩的なことだが、昔は決して当然のこととは考えられなかった。引っ張った紐より真直ぐな辺を知らず、一端を固定した紐の他端に地面に線を書く尖筆を結びつけたもの以外のコンパスがなく、地面か蠟引き板に書ける以上の幾何学図形をもたない人々の頭の中で幾何学の諸概念が生まれたことは、真に素晴らしいことである。

　ギリシャ人は確かに原始的ではなかったが、たとえ非常に原始的な民族が直線と円の性質を発見したとしても、それは驚くべきことではない。しかし、上述のように、彼らがそれらのアイディアをあんなに首尾一貫した論理的体系へ組みあげたとしたら、それは驚くべきことである。事実、その論理的体系は十九世紀もかなり進むまで乗り越えられなかったのである。しかしギリシャのメナイキモスが円錐の断面——楕円、双曲線、放物線——を興味深くて重要な研究分野として考えたことは、最も驚くべきことである。陶器を作る民族が円錐に慣れていなくはなかったことは、容易に理解できるし、彼らが時たま円錐を真直ぐな刃物で切って、切り口がどんな形かを調べたとしても不思議ではない。しかし、この多かれ少なかれ偶然の観察が彼らを、以後二千年以上にわたり最も知的な道具の一つになったものへ到達させたのは、この上なく驚くべきことである。

メナイキモスの後のギリシャ人は彼の円錐断面の理論を受け継ぎ発展させたが、それは主に自己満足的な研究分野としてだった。ルネッサンスとケプラーの時代になってようやく我々は天体が円錐断面の形の軌道を動くという確かな示唆を得た。そしてケプラーの経験法則は再びしばらくは単なる偶然の現象と考えられ、やがてニュートンが運動力学一般だけでなく重力の下の運動を扱うという特定の形の運動力学を作り出し、それによりケプラーの楕円軌道と投げられた石の放物線軌道を同時に説明することができた。ここに、数千年後に発見に到達することになった一組の知的風土が見られる。従って、もう一人のメナイキモス、ケプラー、またはニュートンが、近代的な物理的科学全体の形成の鍵になったような重要なアイディアを抱くまでには、さらに数千年かかると考えることは容易である。

ニュートンについて言えば、我々は微積分学についての彼の仕事と、運動力学と重力についての彼の仕事との間の、なかなか興味深い違いに注目せねばならない。前者は既にデカルトの解析幾何学の中にひそかに存在し、また他の多くの人――カヴァリエリ、フェルマー、バロー、ウォリス――が微分の考えのごく近くまで達しており、もう少したてば微分学が一つの独立の学科の地位を獲得できそうになっていた。

積分学については、その根は、古代のシュラクサイでアルキメデスが生み出した真に第一級の知的風土変化の中に見られる。従ってニュートンが「もし私が（他の人たちより）いっそう先を見たとするなら、それは巨人たちの肩に乗ったからである」と言ったのは全く正当であり、誤った謙遜によるもので

読者カード

みすず書房の本をご愛読いただき，まことにありがとうございます．

お求めいただいた書籍タイトル

ご購入書店は

・新刊をご案内する「パブリッシャーズ・レビュー　みすず書房の本棚」（年4回 3月・6月・9月・12月刊，無料）をご希望の方にお送りいたします．

（希望する／希望しない）

★ご希望の方は下の「ご住所」欄も必ず記入してください．

・「みすず書房図書目録」最新版をご希望の方にお送りいたします．

（希望する／希望しない）

★ご希望の方は下の「ご住所」欄も必ず記入してください．

・新刊・イベントなどをご案内する「みすず書房ニュースレター」（Eメール配信・月2回）をご希望の方にお送りいたします．

（配信を希望する／希望しない）

★ご希望の方は下の「Eメール」欄も必ず記入してください．

・よろしければご関心のジャンルをお知らせください．
（哲学・思想／宗教／心理／社会科学／社会ノンフィクション／教育／歴史／文学／芸術／自然科学／医学）

(ふりがな) お名前　　　　　様	〒
ご住所　都・道・府・県　　市・区・郡	
電話　（　　　）	
Eメール	

ご記入いただいた個人情報は正当な目的のためにのみ使用いたします

ありがとうございました．みすず書房ウェブサイト http://www.msz.co.jp では刊行書の詳細な書誌とともに，新刊，近刊，復刊，イベントなどさまざまなご案内を掲載しています．ご注文・問い合わせにもぜひご利用ください．

郵便はがき

料金受取人払郵便

本郷局承認

3078

差出有効期間
2021年2月
28日まで

113-8790

東京都文京区
本郷2丁目20番7号

みすず書房営業部
行

通信欄

（ご意見・ご感想などお寄せください．小社ウェブサイトでご紹介させていただく場合がございます．あらかじめご了承ください．）

はない。しかし、重力と運動力学のニュートンは、微積分学のニュートンと違って、彼自身の力による最大の巨人であった。

以上の例を見れば読者は、私のいう知的風土の変化とは何を指すのか、そのような変化はどのようにして一人かごく少数の人に依存するのか、その変化は歴史の特定の領域内でどのようにして起こったり起こらなかったりするのか、根本的に重要な一つの段階から同様に重要な次の段階までに、しばしば、どれほど長く待たねばならないのかが、およそ分かるであろう。発見のこういう段階は、独特の個性をもち、統計的な議論はろくに当てはまらない。

統計のためには、互いによく似た場合が十分多数あって、例外的なことばかりでなく規則的なことをも観察できることが必要である。真の大発見への賭けは、恐ろしくわずかな勝目への賭けであるだけでなく、確かめることのできない勝目への賭けである。こういう賭けは長期にわたるものであり、自ら進んでそれに賭ける人には強い信念があるにちがいないので、最高のレベルの発明には神業のようなところがある。プロメテウスがコーカサスの山の岩に縛りつけられ、ハゲワシに肝臓をむさぼり食われながら叫んだ言葉も尤もである。「おお、神の大空と速く飛ぶ風よ、河の源、海原の波の数知れぬ笑いさざめき、万物の母なる大地、隈なく照らす日輪よ。見よ、神の一人なる私が、神々の手で苦しめられている、このさまを」。

いま話したのは確率、運、勝目のことである。これらの分野の数学の歴史は、いくつもの点で本章の目的と密接な関係がある。発明の仕事の達成と困難さを査定するために確率という概念が必要であるだけではなく、確率の理論自体が知的風土の現代の大変化の源泉であり、この変化は、そのドラマの少なくとも一つの幕が既に我々の眼前で演じられたのだから、いっそう効果的かつ有意義に研究することができる。

そこで、確率論と、それが発明の中の近代的思考様式と近代的傾向に及ぼした影響へ目を向けよう。この分野の初期の歴史は十七世紀にさかのぼり、しかもフェルマーやパスカルのような有名な人物にさかのぼる。ただし、これらの人物の業績のうち彼らが最も真剣に取り組み終局的な哲学的重要さを最も強く感じて開発したと思われるものにさかのぼるわけではない。

実はそれは、我々の多くが『三銃士』や『シラノ・ド・ベルジュラック』のような文学作品によって知っている時代にさかのぼる。当時宮廷の貴族たちは哲学者ぶった天狗や鼻持ちならぬ哲学者であり、パスカルほど偉大な人に対しても、その友人たちは彼の宗教思想や彼の率直な心の吐露を評価しただけでなく、サイコロやトランプの賭けの勝目についての彼の助言をも高く買ったのだった。賭けをやる人たちが気軽に受け取るこんな助言は、それを与えるほうの人にはかなりの思考を要求した。そして、その要求を満たすことは当人の論理感覚や知的自信を満足させたにちがいないが、後にスウィフトがラピュータ島の学者たちとして戯画化したような空想家でさえ、遊びについての彼らのむだな思考が遠い未来にベンガル地方のジュート麻農園主の何十万ルピーもの投資の決定や水素爆弾の地獄の口の建設への奉仕に役立つことになると予想することができたとは、ほとんど考えられない。にもかかわらず、フェルマーとパスカルから我々のポスト・マンハッタン計画時代と近代産業の組織までのあらゆる段階は、一歩一歩考証することができる。

これらの偉大な確率学者の時代の後、物理学はニュートンの既に述べた運動力学と天体力学の業績を通じて決定論へ方向を転じた。しかしニュートンの直後の後継者たちの時代に既に、もし彼らの天体の宇宙が実際に一つの巨大な機械の回転であるなら、それはルーレットの回転と見なさねばならない部面をもっていることが明らかになった。この見方には二人の高名な人物の名を付さねばならない——有名すぎるとしてもやはり偉大なラプラスと、彼より年上のもっと地味な同時代人で、いっそう偉大なラグランジュである。

太陽系の中には、天体の多様さがあまりに著しくて、我々が精密な測定と完備した一連の観測によって現象を一つ一つ把握することが到底できない場所がある。太陽系の質量の大部分は太陽と少数個の大きな惑星の中にあるが、火星と木星の軌道の間には小惑星系と呼ばれる小さな惑星の砂嵐が存在する。個々の小惑星の軌道は大きな惑星の場合に使われるのと同じ方法で研究できると言うことは正しいが、小惑星系全体は一個の砂嵐としての小惑星の集団に固有のある規則性と密度を示すということも事実であり、もし我々がそのような砂嵐の個々の砂粒を見るだけなら、森を見るとき個々の木のことだけしか問題にしない場合と同様に、そういう事実は全く見落とされてしまう。このような種類の分布の規則性の問題こそが、ラプラスを太陽系の進化論という大研究へ導いたのである。この難しい分野の研究を進めるために、彼は確率論の研究へ引き戻された。

ラプラスとラグランジュの両方が、これらの研究および他のよく似た問題の研究に関して使ったもう一つの、確率論と無関係ではない道具は、三角関数の級数の研究であった。回転系の研究では、どうしても角度に多くの注意を払わねばならず、問題になるある種の量が、ある角の角度の整数倍のサインとコサインの無限個の項の和として自然に出てくるという事態に、じきにぶつかる。次々の項を加えたこういう和は、ラプラスの後継者フーリエの名をとってフーリエ級数と呼ばれている。十八世紀には、こういう級数は物理学者と数学者を大いに悩ました。なぜならニュートンが使ったいわゆる冪級数——ニュートンの後継者の名をとりテーラーまたはマクローリンの級数と呼ばれるもの——とちがい、この新しい級数は、ある種の不連続や折れ曲がりかどをもつ現象を表わすのに使えるように見えるからである。テーラーとマクローリンの級数のほうは、その本性により極めて滑らかである。

フーリエは十九世紀初期に活躍した人で、ナポレオンのエジプト遠征に学術隊のメンバーとして参加した。彼は、そのような級数——以来フーリエ級数と呼ばれるようになったもの——が、以前の数学者たちが予想した一見矛盾的な性質を実際にもっていることを示した。とはいえフーリエ級数の問題は今なお終わってはいないし、ボレルとルベーグが一九〇〇年頃やった研究までは、数学はフーリエ級数に対して近似的にさえ満足な理論をもつとは言えなかった。この近似的にとは、現代の数理物理学の日常的要求を満たす程度の一般性をもつという意味である。

以上で三角級数の問題を持ち出したのは、一方ではラプラスとラグランジュの思考の多くが確率の問題との関連で三角級数を使ったからであり、他方ではルベーグとボレルのした研究が現世代に生じた確率論の急速な発展に不可欠な役割を果たしているからである。とはいえ、その間約半世紀にわたり、確率論と真に精密な三角級数の理論はどちらも停滞していた。クラーク・マクスウェルの気体分子運動論の研究までは、確率論は物理学の重要な道具として再び真価を認められる兆しは見えなかった。

マクスウェルの気体分子運動論は、デモクリトスの時代とルクレティウスの時代以来ずっと数学者を待ち続けていた問題を実際に物理的に研究した結果である。この原子論によれば気体の分子は光束の中に見える細かい塵粒のようにダンスのような運動をしている。しかし、このダンスでは分子は、塵粒のように何か周囲の流体の乱流に乗って運ばれるのではなく、ニュートンの物理学理論に従って相互の衝突から生じる能動的な力によって運動する。問題は、分子のこの絶え間ないダンスを、熱とエネルギーの関係の理論である熱力学の観測事実および他の観測される気体の性質と対応させることである。このダンスの理論は統計的な理論であり、この理論では、どんな統計的理論にも必要な事象の多数性（賭けごとの場合のサイコロを投げる回数の多数性に相当するもの）は、気体の分子の実際の多数性、または少なくともそれによく似たもの、例えば運動の自由度の多数性である。

従ってマクスウェルの統計理論の基礎をなす多数性は、ラプラスの宇宙論に出てくる多数性と同じ種類のものである。物理学の同様な統計理論の次の段階が踏み出されたのは一九〇〇年頃だった。この理論には二人の名が結びついている――ドイツのボルツマンとアメリカのジョサイア・ウィラード・ギッブズであり、後者はアメリカの科学の大空に昇った古今最大の星であることに異論の余地はない。

この二人、特にギッブズは、物理学は気体の含む粒子の多数性より遥かに根深い統計的要素を含まねばならないことを悟った。回転している独楽（こま）のように自由度の数が少ない系でさえ、ニュートン力学に従ってその軌道を追ってゆく〔運動してゆく、の意〕につれて、その系の運動を完全に表示できるだけの次元をもつ空間〔位相空間または状態空間〕の中の様々な点〔系の位置座標と運動量座標の値によって決まる点〕を次々にたどってゆく。この軌道上の位置と運動量を、二つの異なる時刻、例えば時刻0と時刻1において測定すれば、後者の時刻の位置 - 運動量は前者の時刻の位置 - 運動量と一定の仕方で対応している。こうして定まる可能な位置 - 運動量をもつ点の集合からなる位相空間は、時間の歩みにつれて、それ自身をそれ自身に写像することを続けてゆく。

* 右のパラグラフは、原文（p. 19）の面影をせいぜい残すようにしながら意訳した。

一つの軌道上で常に不変に保たれる量がある。保存系と呼ばれるものにおいては、それらの量のうち最も重要なのはエネルギーである。位置座標と運動量座標からなる空間は、エネルギーの値によって異なる多数の層へ分割される。それらの各々の薄い殻状の空間は、時間の歩みとともに互いに独立に自分自身への写像を続けてゆく。物理学の基礎過程は、これらの殻の一つ一つが絶えずこのように自分自身への写像を続けることからなるというのが、ギッブズのアイディアであった。この写像について彼は、ラグランジュが既に知っていた次のことを指摘した。それは、各々の殻には、二次元空間の面積や三次元空間の体積に相当するある量があって、各殻の領域のこの量の大きさ（測度）は、その系の内部の力学的運動によって生じる刻々の写像によって変化はしないということである。彼は、この量には何か確率の性質があると見てとり、従って運動力学を扱う彼の確率論的方法は、極度に単純な力学系にも当てはまるし、気体の中の分子のような非常に多数の構成要素からなる極度に複雑な力学系にも当てはまるだろうと考えた。

この内在的な確率を導入することによってギッブズが第一歩を踏み出した道に沿ってこそ、近代物理学に完全に確率論的な視野が開かれ、さらに進んで通信と制御工学と認識論との近代的理論に、そして社会科学にさえ、単純な確率論的視野が開かれたのである。

これを一つとする知的風土のいくつかの変化は、人間の知的かつ建設的な活動における考えうるあらゆる分野に新発見と新発明の洪水を生み出さざるをえず、事実それらの洪水をもたらした。私は、この風土変化を調べることによって、風土上の新紀元が開かれることが発明の歴史とどんな関係をもつかを例証したい。

かつて私は、何年もルベーグ積分と確率論への関心からギッブズの視野の拡張を企てていた。そのうえ私は、新しい量子力学の誕生の時そのごく近くにいた。それは一九二五年にハイゼンベルクによって創始された理論で、光の放射と極微の粒子の領域でニュートンの古典力学がもつある種の欠陥を埋めるために発明されたものだった。私は、それに確率的要素が含まれることと、位置と運動量のようなある種の量は同時に精密に観測することが内在的に不可能であるというハイゼンベルクの説とに、大いに心を動かされた。これらの新しいアイディアは、第二次大戦の急務が私を飛行中の航空機を撃墜するため進路を予測するという問題へ押し込んだとき実を結び始めた。

私は純粋に試行錯誤的方法で様々な種類の予測機械の開発を試み、自分が捜し求めていたものは、両立できないことを両方とも要求するものだということが分かった。私は、一機の飛行機の過去の観測から、その未来の位置を計算する方法を研究していた。滑らかなコースを進んでゆく飛行機を正確に追跡するには、精密で鋭敏な測定器具が必要だった。しかし、そういう測定器具は、それが非常に精密で鋭敏であるため、あらゆる微小な震動や、追跡しているコースの折れ曲がりによって動作が狂ってしまうことが分かった。飛行機のコースが非常に不規則な場合には、私の提案した測定器具は、その精密さの不足のためにではなく、その精密さのために、不適当であった。私は、あらゆる場合に理想的な測定器具を作ることのこの不可能性は、ハイゼンベルクのいう物体の位置と速度を同時に観測することの不可能性と密接な関係があると思いついた。

この問題を調べれば調べるほど私は、私がぶつかった困難は数学的悪魔によくある悪意の産物ではなく、予測ということ自体の本性に潜むものであることをますます悟るようになった。そこで私は、私の測定器具の精密さと大まかさとの釣り合いを取らねばならなくなり、この釣り合いを私は、その器具を使おうとする対象の飛行機の実際の飛行の集合についての知識を使うことによってのみ達成することができた。飛行機の予測の理論は統計的な理論になった。

この統計的理論を作り上げてから、私はさらに進んで、他の多くの科学者や発明家がやったように、他にどんな問題が同様な理論に基づいて解けるかを考えた。

いま私の手もとに「ザ・ランプ」誌の一九五三年九月号からとったゼラチン版の複写がある。「ザ・ランプ」はニュージャージーのスタンダード石油会社の社内誌であり、その論文の標題は「セレンディピティ（研究室で運をつかむ秘訣）」となっている。この標題はW・D・コナー博士が以前に持ち出した言葉だが、この古めかしい言葉セレンディピティ（Serendipity）は、探していないものを見つけだす方法を意味する。その論文が言っている通り、それは「十八世紀のイギリスの貴族の出の著述家で才人」のホレース・ウォルポールが二百年前に造り出した言葉であり、セレンディプは、セイロン島のシンハラ語の島名シンハラドビパをアラビア人が訛ったものである。

セイロンの三人の王子についてのおとぎ話がある。ウォルポールを引用すると、「王子たちは旅に出ると、いつも偶然と機敏さのおかげで、自分たちが探してはいないものを次々に発見してゆくのだった。」三人の王子のこの特技は、その論文が述べているように、科学者の武器庫のなかの非常に重要な武器である。科学は根本的には、問いと答えによって自然との親密な関係を深めてゆく芸（art）である。この芸を演じる場合には、問いを設定して、それにより定式化された問題を解くという仕方以外に道はないと考えるべき理由は何もない。

事実、この限られた道だけしか踏まない科学者は、自分の頭脳を最高の効率で使ってはいないのである。ある一つの問いが発せられ答えられた後になって、その答えは、もし十分な答えであるなら、発せられた問いに海水着のようにぴっちり合うのではなく、ゆったりしたローブのように合うことが分かるのが通例である。すなわち、一つの新しい方法の発見というものは、既に発された問いに答えるだけの価値しかもたないことは滅多にないような大きな発明なのである。このような事情のため、科学者は誰でも、時折りは周囲を見渡して、単に「私はこの問題をどうやったら解くことができるか」と問うだけでなく、「やっと私は一つの結果にゆきついたが、いったい私はどんな問題を解いたことになったのかな」と自問しなければならない。

このような逆の問いを発することは、科学の最も深い部分においてはまさしく莫大な価値があるが、個々の工学的問題においてもなかなか重要である。

セレンディピティ的な思考法は私を濾波器の研究へ行き着かせた。濾波器とは一つのメッセージ［ある通信文を運ぶ信号列］をもう一つのメッセージから周波数の差に基づいて分離する［濾し分けて取り出す］装置である。濾波器の理論は予測器の問題とほとんど不可分だった。後者と同様に、前者も統計的理論に基づいていた。そこで私は次第に、私の仕事の中の統計学の領域を自覚し、統計学を通信工学の問題の一つにだけでなく全てに適用するようになった。私は、情報のあらゆる測定の基礎は統計的なものであること、そしてそのための枠は実は既にウィラード・ギッブズの仕事によって与えられていることを悟らざるをえなかった。

ひとたび私が自分自身と一般大衆に通信理論に含まれる統計的要素への注意を喚起すると、追認があらゆる方面からやってき始めた。ベル・テレフォン研究所に当時、今もいるが、クロード・シャノンという若い数理物理学者がいた。彼は既に数学的論理学をスイッチングシステム（回路開閉系）の設計に適用しており、彼の仕事は終始、彼が離散的問題を好むことを示していた。離散的問題とは、スイッチング理論に出てくるように変数が少数個の飛び飛びの値をとる問題である。私は、通信理論とその統計的基礎についての彼のアイディアの多くの部分が最初から私のアイディアとは独立であったように思うが、そうであったにせよなかったにせよ、彼と私は互いに相手の仕事の意義を高く評価した。

通信の問題全体が、彼の種類の〔離散的な〕問題と私の種類の〔連続的な〕問題のどちらについても、新しい統計的な形をとり始めた。ここは、この新しい統計的な通信理論によって促進された個々の装置の系譜を述べる場ではない。私が言えるのは、この仕事の影響が通信理論の隅から隅までゆきわたって、今では通信に関する最近の発明で統計的考察を含まないものはほとんど一つもなくなったということである。こうして、科学のこの広大な一分野全体は、ギッブズとルベーグ‐ボレルのチームの中に暗に含まれていた概念の深遠な展開であるが、それは、いわば暗示的に潜在していたのであり、そのため約四十年たつまでは、その初期の思想が道を示す運命にあった方向を誰も予見することができなかった。これは、私の思うに、知的風土の変化と、それが発見と発明の両方に与えた影響との、一つの重要な実例である。

3　独創的なアイディアに好都合な環境と不都合な環境

読者にとってかなり明白なことであろうが、真に基礎的で生産的なアイディアは、かなり大きな程度まで幸運な予測できない偶然の産物である。ユークリッドが幾何学の公理主義的理論を作り出したり、ギッブズが熱力学で確率の概念をあれほど強く主張したことには、絶対的必然性はなかった。これらの革新は、もう少し早くか、もっとよほど遅くに起こったとしても不思議ではなく、その予測に賭けることは、村のある特定の家が来年落雷で壊れるかどうかに賭けることより少しもましではない。

とはいえ、雷は上手な賭けにとってさえ散発的な現象ではあるが、落雷にとって好都合な環境と好都合でない環境を一般的に考えることはできる。我々は、避雷針に特に注意を払うことなしには、高い孤立した丘の頂上に家を建てるようなことはしない。発明の問題でもやはりそうであり、この現象も偶然的で散発的ではあるが、我々は落雷の危険を減らすような環境を探せるのと同様に、発明に好都合な環境に目を向けることはできる。

ある種の手法は、疑いもなく発明や発見を促す。何か一つの科学を生き返らせる最も強力な道具の一つは数学である。科学を数学的に処理するということは、ある程度までは、その科学のデータと問題とを数量的な形に書き上げることだが、そのさい数や量そのものは論理的に精密な言語に付随する副次的なものだと考えるほうが、多分、より適切である。例えば、ある問題が生物学で出てきて、我々がそれを生物学の言語で研究するなら、我々自身も、我々の論文を読む人も、我々がしたことを一つの生物学上の問題に対する答えと思うように強く条件づけられやすい。しかし、もし我々が自分のアイディアを数学的な形で表現するなら、我々は多分もっとずっと無色で中立の言語を使っていることになる。まさしくそれゆえに我々は、その問題が全く別の分野で出てきても同じ問題だと気づく見込みが遥かに多いことになる。このように視野を広げることは、決してばかにできない重要さをもっている。

複数の学科の間の交雑受精（他家受精）の例を一つ挙げよう。一つの学科に含まれるアイディアが数学的に拡張されて、中立な形で学科間の壁を越えて広がり実を結ぶ現象の例である。今仮に、麻疹(はしか)の流行の経路を研究しているとしよう。麻疹は子供の病気だが、ある病気を子供の病気だと言うことは、多くの場合、その病気の性質と振舞いを「子供」という言葉が出てこない適当な仕方で述べることと同等である。第一に、麻疹は獲得免疫をもたない人に非常に感染しやすい。従って、人口の大部分は、麻疹に最初にさらされた時に、この病気に罹るのであり、それはたいてい幼時である。麻疹に罹れば、完全な免疫でないとしても高い免疫性が得られる。それゆえ、大多数の人が麻疹にさらされたことのある人口の中では、比較的年長の人はたいていたい最初の感染によって免疫になっている。

ところで、麻疹は時間的にほぼ規則正しい分布で大流行する。この病気の本性の中に、このような流行を好都合にする性質を何か見つけることができるだろうか。答えは次の通りである。流行とは、その病気が、免疫者と非免疫者が混ざった人口の中で、非免疫者どうしをつなぐ感染性接触の連鎖によって伝わることを意味する。この連鎖の長さは、流行が起こる確率および流行の激しさと密接な関係がある。

個人間の何らかの種類の接触の連鎖が問題になる場合には、非免疫者のような特定の種類の個人の間の接触の連鎖の長さは、社会に含まれるその種類の個人の比率に非常に鋭い仕方で左右されるということは、数学的な事実である。例えば、非免疫者が一パーセントしかいない場合は、非免疫者が行なう百回の接触のうち平均一回だけが他の非免疫者との接触となるから、この計算を進めれば、予想される連鎖の長さは短くて、遠くへ広がることは稀なことがわかる。他方、人口の七五パーセントが非免疫者なら、他の非免疫者との接触の確率が非常に高く、非免疫者間の連鎖が社会の一端から他端までつながり、爆発的な流行が起こる。

以上では、ある医学的な事態を準数学的な言語で論じてきた。この言語が、それとはひどく違う事態にも等しく当てはまるかどうかを考えてみよう。今仮りに、水素と酸素を爆発する比率で含み、さらに窒素のような中立のガスを含む混合気体があるとしよう。火焔が全体に広がることができるかどうかは、一対の水素分子と酸素分子がもう一対のそれの十分近くにあって前者の燃焼が後者の燃焼を起こさせるかどうかということと、この型の接触の連鎖の長さによって決まる。もしこの連鎖が十分長いなら、全体の爆発が起こり、麻疹の流行の場合と数学的に同じになる。連鎖が短かければ、局所的な反応が起こるだけである。

次のことに注意していただきたい：水素と酸素の混合気体を窒素でひどく薄めて、その中で爆発を起こさせようとしても、なにも起こらない。その中へ水素と酸素を適当な速度で注入し窒素を除去してゆくと、ある段階で連鎖の長さが、もし何か口火があればパッと爆発が起こる程度まで伸びる。この爆発は水素と酸素の濃度を減らすので、それ以上の爆発は、新しい水素と酸素がやってきて連鎖の長さを十分増加させるまでは起こらない。

では、これを麻疹の流行と比べてみよう。麻疹の流行が起こった地域では、麻疹にさらされた非免疫者はほとんど全て、それに罹り、死ぬか免疫を獲得する。その後かなりの期間は、新しい流行は起こりえない。しかし、その地域の人口のうち非免疫者の比率が、新生児の誕生や外来者の転入によって増加するにつれて、その比率が社会に麻疹の新しい流行を起こせるレベルまで達する。そうなれば、間もなく何かひとしきりの感染が連鎖の成長を出発させると予想して間違いない。こんなわけで、麻疹の流行と気体の爆発のどちらの問題の場合も、かなり一定の間隔を置いて次々の大発生が起こり、その中間の時期には大発生は不可能または滅多に起こらない。

この現象の数学的記述の利点は、我々の注意が麻疹と爆発のどちらかに特異的に向けられるのでなく、両方に等しく当てはまる中立の状態を保つ点にある。しかも、この二つの問題を一つの抽象的な形に直すことによって解きやすくなる問題が、もっと広範囲に存在する。例えば、ガラス管の両端に電極を置き、管内に小さい鋼球とガラス玉の混合物を詰めたとしよう。この管は導体と絶縁体のどちらに近い働きをするであろうか。その答えは、以上で論じたことと非常によく似たこと――鋼球どうしの接触の連鎖が一方の電極から他方の電極に達するほど長いか、または全くガラス玉だけの領域によって隔てられたいくつかの部分連鎖に分かれているか――によって左右される。流行病の問題と爆発の問題を明確に陳述し解答するのに役立つのと同じ数学的概念が、ここでも等しく役立つ。一般的に言って、この同じ概念は、巨視的混合物でなくても、やはり混合物である凝集体の伝導性やその他の性質の議論に使える。二つ以上の金属の合金は、そのような凝集体である。

数学は、本質的なことを陳述し、本質的でないことを無視させてくれる。数学は我々が、何か一つの分野の枠にはまらずに多数の分野で同じ問題を取り上げることを可能にしてくれる。同じ数学的言語が多数の異なる分野に当てはまる可能性を敏感に見ぬける数学者にとっては、数学は発明と発見の強力な武器である。

とはいえ数学者には、この魔力を最善に行使するには至らない道が、少なくとも二通りある。一方では、経験不足か知的虚栄のために、あまりにも純粋数学者になって、純粋に抽象的な思考の本質的対極である具体的な言葉への解釈をする能力を失うことである。他方では、その正反対に、応用数学者が何でも数学的言語へ翻訳する技術を習得したあげく、あまり役に立たない時代遅れの純粋に数学的な道具立て一式を抱え込むことである。発見を助けるために数学を最善に利用することができるのは、純粋と応用のどちらの枠にもはまり込まず、純粋数学者の数学的資質と応用数学者の翻訳能力とを進んで兼備しようとする人である。

しばしば我々は、科学的な問題を数学的な方法で解く場合に、数学者が厳密性の困難または存在定理上の困難と呼ぶ型の抽象的な困難に陥る。これらの困難は今まで概して純粋数学者が扱うべき分野と考えられてきた。しかし、そのような数学的困難が問題とどんな関係をもつかを評価するには、純粋数学者と応用数学者との両方の最高の能力の結合が必要である。

一方では、問題の綿密な研究により、これらの困難はその問題自体に属するのではなく、問題にアプローチした仕方の特性によるものであることが分かり、もっと広い視野に立てば避けて進める場合がある。他方では、その数学的困難は物理的困難の道標であり、避けては進めないか、または物理的概念の非常に根本的な修正によってのみ避けることができる場合がある。その一例はすぐ手近にある。

荒れた海などの場合の水の表面の波の統計的研究では、ある種の非収束が観測され、それは皮相な研究では純粋に数学的なことのように見えるかもしれないが、実は次のような意味をもっている。海があまり荒れていない場合でさえ、水面は常に鉛直線に一点だけで交わる表面をなしてはいず、巻き上がっている。波の一部分が他の一部分の下方にあり、その波はやがて砕ける。この砕けを考慮に入れない統計理論は、どんな場合にも完全に適切ではありえず、荒波の場合にはひどく間違っているに違いない。しかし、実際に何が起こっているかについて抽象的レベルでは高度に精巧な知識がないと、そのような理論の数学的困難に暗に含まれている危険信号を読み落としてしまいやすい。

ここまで本章では、知的環境のうち、ある意味で科学者にとっての問題よりは科学にとっての問題を論じてきた。しかし、知的環境には個人としての科学者にとっての問題もある。

個々の科学者は当人の生活している社会環境に非常に深く条件づけられているから、創造的な［知的］環境についてのこれらの問題は、それらに対応する社会的環境の問題とはっきり切り離すことは容易でない。それらを本書で述べるさいには、私はある程度までは両方を両方の場所で扱わざるをえない。なぜなら本書で扱う種類の個人は、社会が要求する種類の個人と内的な関係をもつからである。従って別々の章の間にかなりの重複が生じるであろう。しかし私は、一個の密接に内部関連した対象についてのこの二つの問題を仕分けるための土台として、自分が今第一に考察しているのは、科学者の個人の型そのものなのか、またはその型の科学者が現在や過去の時代に社会的環境による条件づけの結果として輩出するか否かということなのかを自問してゆこう。

ここで私は困惑するのだが、よく整理された書物はとかくペダンティックに整理された書物であり、この二つの問題はどちらも他方の章に属する事柄をたくさん持ち込むことなしにはとうてい論じることはできない。読者が私と一緒にこのことを我慢して、私には理想的な選択の道はないことを承知してくださることを期待するほかはない。

過去四世紀にわたり格別強力だった発明発見の精神の源泉は、語学・史学・文学の学者の古代精神の近代化である。ヨーロッパにルネッサンスが訪れた時、世の中には新しいドアが開かれ古いドアも再び開かれたという感じが強くみなぎった。古代世界の文書は、ビザンチンの陥落のさい、その所有者と共にイタリアへ避難していたが、それらの文書は、このとき初めて、当時ますます悩みを深めていた一つの文明が利用できる資料となり、知的能力をもつ全ての人々を挑発した。

　この事実的な資料が既に哲学的な思弁には不慣れでなかったヨーロッパに与えた影響は、人文主義者という新階級を生み出した。最初は、人文主義者たちの学問は主として文学と古典であったが、辛抱強い思索と調査の努力に慣れた修練を積んだ階級が社会に存在することは、新しい科学の創造を可能にする条件を与えた。

　人文主義者はヨーロッパの学問の唯一の宝庫ではなかったし、創造的な科学的思考に門戸を開いた唯一のものでもなかった。ユダヤのタルムード学者は一つの平行した流れであった。しかし、この流れは人文主義者の流れからは相互の偏見と習慣の違いのためおおかた切り離されていた。確かに多くの人文主義者がタルムード学者と接触はしたが、この接触はおそらく散発的で例外的であった。モーゼス・メンデルスゾーンの影響の下で、タルムード学者と西洋の学者の間の散発的接触がユダヤ人の学問の生きした流入へ変わった時、ユダヤ人の知的な力と知的な学問が文学にばかりでなく近代科学にとっても使えるようになった。この時以来科学的な学問の軍勢が、この貴重で不可欠でさえある新しい分遣隊の加入によって強化されたことを指摘するには、ユダヤ人の熱狂的な民族主義を必要とはしない。

　ユダヤ人は、西洋の土壌に生えた東洋の一葉とでも呼べるものを西洋科学に添加した。過去二世代には東洋の学問と知的戒律が、真に東洋の諸国自身の内部で西洋のものの補助になる歩みが倍加した。儒教の学者‐政治家とヒンズー教の学者はどちらも学問への精進と教育への努力を最新の学問である科学へ向けてきた。再三再四明らかになったように、古代の経典的な学問に培われてきた素質は、ごくわずか修正するだけで近代の物理学や生物学の研究に役立つ。

しかし、今や東洋は西洋の科学を補強しつつあるのに、西洋は近代科学を可能にした学問の泉の枯渇に既に陥り、今もその状態が続いている。二つの大戦は、それらの泉のリストから十九世紀の学問の選ばれた住み家だったドイツをほとんど消してしまった。イギリスの耐乏生活もフランスの混乱も、それらの国の古来の学問の伝統の継続に好都合なものではない。今日の科学に最も長い影を投じている二つの新しい国はアメリカとロシアである。

この二国のどちらでも、ヨーロッパの学問の伝統は、学問が愛顧を受けていたとはいえ他の種々の利害に非常に大きく従属させられてきた風土で生き残ることを強いられてきた。どちらの国でも、一般の人々は西欧の学問全体の源泉になった古典学はあまり大事にしない。どちらでも、学者は主に、それ自体は学問的でない利害への奉仕者として評価される。私は、これまでロシアとアメリカの両方で社会への学者の不断の供給を確保するため多大の金と努力が投じられてきたことを過小評価したくはないが、どちらの国でも学者の仕事そのものが主な関心の的ではなかった。ロシアでは、学者は自分が社会にとって危険な人間ではないことを十分に証明すれば、科学的研究をかなり自由にやることはできるかもしれないが、この国家共同体とその社会的・経済的原理の推進は、やがて学者の学者としてのあらゆる主張を踏みにじるにちがいない。それらの原理は、学問のための学問という考えを、芸術のための芸術という考えが既に追いやられたのと同じ異端の地位へ追いやってしまった。

アメリカでは、学者はまだ政治理論へひれ伏す必要はないが、このような学者の地位の下落は遥か彼方ではないかもしれない。既に学者は、ビジネスマンと自分の置かれている秩序との神格化に同意することを期待されている。

今日新聞を見渡すと、ロックフェラー、カーネギー、フォードのような無税の全国的基金が、共産主義の温床でないまでも、共産主義的な思想の温床として攻撃されている。当今の隠語でいえば、それらの財団は政治と科学の正統説に確固とした奉仕をしていないということである。既に知られているように、ロシアでは政治的正統説を要求する雰囲気が、急速に発展中の科学的文化にさえ障害になるにちがいない。ロシアで起こりうることはアメリカでも起こりうる。しかも、思考の気ままな流れを常軌の線に沿って流そうとする全面的な試みは、結局は知的地下水の水位を低下させ、我々が耕さねばならない広大な精神の領域を不毛の死の砂漠へ変えてしまうと予想して間違いあるまい。

素人が学者を軽蔑する態度の一例を挙げよう。ずっと前、私の父がロシアを旅行していた時、たまたま汽車の同じコンパートメントにシェヒテルと呼ばれるユダヤ教の儀式のいけにえ屠殺人と乗り合わせた。そのシェヒテルは自分の地位の功徳や、たっぷりお金を儲けたことを長々と話した。その挙句、私の父に向かって、あなたの御商売は何でしょうかと尋ねた。父は、自分は大学の教授だと説明した。すると、そのシェヒテルは、「それもいい御商売ですね」と答えたという。これは現代のロシアでも現世代のアメリカでも、学者が社会で得られそうなほぼ最高の評価ではなかろうか。

この話の眼目は、シェヒテルが純粋に知的な仕事に低い評価しか与えなかった点である。我々のアメリカ社会で知的な仕事に与えられている評価も、ほとんどそれより高くはない。長年ヨーロッパとヨーロッパ化されたアメリカでは、ビジネスマンや小売商人は、カウンター・ジャンパーとかブティッキヤーとかエピシヤーとかいう蔑称*の下でさげすまれていた。彼らはまた、共産主義の圧力の下でばかりでなく他のあらゆる種類の社会主義運動の下でもさげすまれてきた。

* counter-jumper, boutiquier, epicier

十年か二十年ほど前からは、彼らは自分たちの時代が来たと感じ、アメリカ開発ゲームのエースを全部自分たちが握っていると感じている。かつては彼らは資本主義を、一つの寛大な説として、すなわち自分たちは社会で当然受けるべき尊敬される地位をもっており、貴族階級の空威張りと知識人の空威張りのいずれによっても無視されてはならないという主張を唱える説として促進するだけで満足していた。今では彼らは、自分たちが生きてゆく余地の要求を転じて、自分たちの生き方を社会全体の生活の基礎として認めさせ、自分たちに順応しない者を新しい異端審問の革鞭とサソリ鞭で懲らしめることを要求するようになった兆候がいくつもある。

この新しい正統信仰は、精進と献身のために好都合な風土をなすものではない。ビジネスへの献身は、現在も従来もあったが、昔の小売商人のビジネス制度の下ではおそらくもっと強いものだった。その制度は顧客にかなりけちに振舞うことについてはビジネスマンに対して寛容であったかもしれないが、ビジネス上の責務の遂行の問題では極めて強硬であった。多くの古風なビジネスマンは破産するよりは自殺を選んだ。これは、振り出しに戻ってもう一度やり直すのには莫大な努力を要するためよりは、何よりもまず、自分の名に絶対に消すことのできない汚名が刻印されると考えたためであった。

私は、この型の誠実さがもうビジネスでは消え失せたとは言わないが、誠実さと厚顔さを天秤に掛けた時の針の位置が厚顔さの方へかなり大きくくずれたとは言える。教会が教える献身はこの点に深くかかわるものであり、多くの成功者にとっては教会は、彼らが懺悔して罪の償いをするために呼び出される機関であるよりは、既成の社会秩序を詳細にわたって保護する闇の警察へ変身してしまった。献身の必要と聖職者への慣習的な尊敬は、現在の社会秩序の枠内でいくらか残ってはいるが、この限られた範囲で認められている以外では、献身をばかげたことであるだけでなく潜在的に危険なことと見なすようになった人が少なくない。

ビジネスマンたちは、科学がもたらす具体的な成果よりは自分の科学そのもののほうを大事にする科学者に出会うとたじろぐ。彼らは、精神の滑らかで堅固で侵入できない要塞にぶつかったと感じる。そこには明確な攻撃点が見つからないのである。彼らにとっては、科学者や文人は自分たちに挑戦するかもしれない一つの砦である。この挑戦に脅えて彼らは、何か根こそぎに踏み潰さねばならないものがあると見て取る。フリーな個人が財産や世間的な富を要求することが少なければ少ないほど、ビジネスマンは自分たちの終局的支配への確信が揺らぐ。

こんなわけで権力者たちは、新しい世代には自己犠牲や学問への情熱やそのほか手に負えないものがなくなってゆく傾向があるのを見てたいへん喜んでいる。彼らは、医師たちが営業を拡大して請求書の束を厚くする技術に関心を高めているのを歓喜している。彼らは、若いエンジニアや科学者が大学を去って自分たちの研究所へ続々やって来つつあることに心から大満足を覚えているが、純粋科学の研究機関は人材が不足し恐ろしく弱体化している。百万ドル以下の金では仕事ができない科学者は彼らの部下であり、彼らはそういう科学者を励ますのに、たぶん彼ら自身のカントリークラブへではなく少し格の低いカントリークラブへの加入を勧め、キャディラックの購入ではなく、彼ら自身の優越性を示せるような適切な違いと彼ら自身の理想を適切に崇拝させる特性とを同時にもつような作りの乗用車の購入を勧める。

彼らは実は、社会全体も彼ら自身も結局は頼ることになる長期的な底深い発展をもたらすはずの科学者の能力を犠牲にして、科学者に目先の研究を促すために自分たちが金を支出しているということを、見落としている。メガバック（百万ドル）科学者にとっては、自然法則の真に深い研究をするには研究管理職の地位から少なくとも一時的に降りて、安らかに自分自身の研究に長時間没頭することが必要であり、そうして後に何かすばらしい考えがハッと浮かび出てくるのである。

これは一つの賭けであり、彼らにはそんな賭けをしている余裕はない。そんな賭けは、彼らが教え込まれてきた激烈な登頂闘争からの撤退を意味する。もし一瞬でも今何がはやっているか、他の人が何をやっているかを見落としたら、誰か別の登山家に自分を引きずり降ろさせることになる。従って、こんな競争と自己発展の世界がなんとか存続できるのは、その中のどこか片隅に科学者たちが利己主義的でなく自然の秘密を発見するための深い共同の努力の中でのみ競争している場が存在するおかげである。

もし我々が真の科学者を発見または育成しようとするなら、やがて科学者になるべき人の子供時代の初期から始めねばならない。科学に献身するようになるには、献身とは何かということを見る機会を与えられねばならない。自然についての抑え難い好奇心と、自分がたぶん克服できる障害によって前進をはばまれることを潔しとしない気性とによって支配される人になるには、金のもうかる世俗的なことの魅力に捕らわれない幼いうちにそういう気質を育てられねばならない。我々の学校は、従順さを越える何かを教えねばならず、よく均整のとれた人形になる以上のことを要求せねばならない。ハイスクールのコースで現代語をとるにせよ古典をとるにせよ数学をとるにせよ、これらのコースはかつて持っていた刺激と重さの一部を取り戻さねばならない。さもなければ、我々の文明はビザンチン的凡庸さに陥り、我々の科学は、男たちによってではなく、役人たちまたは雇人たちによって支配されるようになろう。*

* by officials or employees, not by men　これはハイムズが冒頭の解説（一五頁）で指摘している「当時の時代の性差別用語」の一例だろう。

4　技術的風土と発明

発明は、もっと一般的な過程である発見と違って、職人の段階へ達するまでは完了しない。新発明は、その基になるアイディアによって条件づけられるうえ、使える材料と方法によっても条件づけられる。発明の有効さが、その時代に使える材料と技術によっていかに制限されるかは、レオナルド・ダ・ヴィンチのノートブックを調べると非常にはっきり分かる。

レオナルドを調べた人なら誰でも感銘せざるをえないことは、彼の技術が木材と皮革を比較的多く使っていることである。この二つはどちらも、そのための十分な技術が彼の時代に存在した材料であり、これに反し金属の技術は決定的に限られていた。鋳物師と鍛冶屋の技術はよく知られ大いに尊重されていたが、それらは精密な機械的形態の物体を製作するには決して十分でなかった。金属鋳造物の表面はあまり精密でなかった。金属には冷やすと膨張するものもあり収縮するものもあるからである。前者の金属には砂鋳型が必要だが、それではあまり鋭い表面は作れないし、後者の金属では鋳型から金属が離れてしまう。そのうえ、鋳造金属は概して金属部品が最終的に受ける応力にあまり適切でない粒径の結晶構造をもち、しばしば脆い。ルネッサンス時代の多かれ少なかれ原始的なやり方では、鋳造金属は、彫像鋳物師の美的に精密な仕事とは違う工学技術者の精密な仕事にはとうてい十分ではなかった。

鍛冶屋の槌は、鋳物師の鋳型よりいっそう精密さを欠く道具である。それは確かに、特定の粒構造の金属部品を作りやすく、焼き戻しと焼きなましの方法で補うことができる。しかし、鍛冶屋の仕事で精密に仕上がった表面を得るためには、親類だが別の技術である錠前師を呼ぶことが普通は必要である。この錠前師の技術はレオナルドよりずっと前の時代からよく知られてはいたが、ずっと後の時代までは十分な発達には至らなかった。

錠前師の最初の道具はやすりである。やすりと、その親類の鋸の助けによって、錠前師は複雑な形の鍵と鍵穴とタンブラーとボルトを切削し、互いに邪魔しないが鍵の働きでは互いに協力するに十分な精密さをもつ表面を作ることができる。この錠前師という職は今日まで続いており、現代のドイツまたは少なくとも一世代前のドイツでは、この職業は機械師と工具師の職をも含むものと考えられていた。ドイツでは工作機械を使う職は錠前職の徒弟奉公をしてから一人前の錠前師の職につき、もし高い望みをもつなら錠前師親方としての腕を証明する工作物——その道の言葉でいうマスターピース——を仕上げて親方（マスター、ドイツ語ならマイスター）の資格を取ったものだった。

工作機械を使う職の精神的祖先がなぜ錠前師であり、鐘鋳物師や鍛冶屋ではなかったのかというと、それは錠前師の技術が、金属の成形を金属の部分的除去によって行なう古来の技術であることによる。

昔はやすりでした仕事は、後には旋盤や平削盤に取り付けた切削具や研磨剤による研磨でなされるようになった。しかし、これらの近代的な切削工具や研磨工具は、レオナルドの時代には得られなかった豊富な動力源が得られるようになるまで待たねばならなかった。ルネッサンスと中世の錠前師の作業は、ひどく骨が折れて遅くて厄介であった。

無理もないことだが、当時の職人は、レオナルド自身も含めて、比較的加工しやすく柔らかい材料である木材と皮革に目を向けた。皮革はよく役に立つ柔軟な材料で気密性と水密性があるが、決して精密な工作に適した材料ではない。木材とその親類の材料である象牙と骨は、ばかにできない機械材料である。それらはよく磨くことができ、場合によっては金属に代われるほど耐性の高い表面を作ることができる。しかし、そのような用途に適する木材は、チークや黒檀やオリーブ材のように概して熱帯産であり、しかもそれら自体が精密な成形には錠前師のやすりを必要とする。レオナルドの時代には、これらの堅い木や木材様の材料は金属より少しも扱いやすくはなかった。

もっと普通の、かなり柔らかいかあまり堅くない木材は、鋸と鑿とねじ錐によって精密な形に加工できるが、比較的加工しやすい代わり、比較的柔らかく、しばしば強度が低い。加工しやすい材料は摩耗しやすく、頻繁に取り替えなければ精密な形を維持できない。そのうえ木材は摩擦とそれによって起こる摩損を少なくすることが容易な物質ではない。レオナルドが描いた図の一つを見て、それが動いている状況を想像すると、壊れそうなキーキーいう機械が確かに動いてはいるが、いやいやながら働いているみたいで、働いている面が間もなく滑りによって摩耗し、へこんで働かなくなってしまいそうである。

金属表面間の摩擦をオイルとグリースの使用により著しく減らせることが発見されたのは、どの時代かは私は知らないが、おそらく比較的早い時代に、きっと荷車の車軸の設計の問題を通じて発見されたのであろう。今では木材にも潤滑剤が役立つことが知られているが、木材にはオイルやグリースはあまり適しない。石鹸と水が木材には最適の潤滑剤の一つだが、この適性がいつ発見されたのかは私には分からない。とにかく、レオナルドの考案した装置の多くは運転可能で、石鹸と水で適当に潤滑すれば相当の性能を発揮させることはできたろうが、近代的なエンジニアなら誰でも、それらの危うげな性能を嘆いたであろう。

レオナルドの機械の先駆はもちろん水車場と風車場に見られる。水車場は、ローマ時代には効率の低い下掛け水車よりいいものは使えなかったが、暗黒時代の末に上掛け水車が開発された。この水車はなかなか効率が高いが、非常に大量の水の利用には適さない。風車は、ごく少量のエネルギーを得る場合以外には、いっそう適さなかった。レオナルドが本領を発揮するためには、水車と風車以上の何かが必要だった。

レオナルドの機械仕掛けがついに世の中にありふれたものになるまでに辿った道は、木材から適切に仕上げられた金属へ、それも最初は錠前師、後にはその精神的子孫である時計製造家と科学器械製造家へという道だった。中世の塔時計製造家はおそらく有力な錠前師以上のものではなかった。「ニュルンベルクエッグ（初期の携帯時計）」を作ったのは確かに錠前師の限界内の最高の職人だった。彼は、ぜんまいの考えを刀剣鍛冶の鋼技術から借りたのであり、それによってエネルギーの貯蔵に最初の一歩を踏み出した。十七世紀と十八世紀に、振り子とひげぜんまいの登場と、ますます小さくて精密な装置が航海者のクロノメーター用に要求されたこととに伴って、掛時計師と懐中時計師の技術が真価を認められた。これらの小さな器械の製作に使われたろくろと初等工作機械は、寸法が小さく必要な動力も小さくて職人の手か足で動かすことができた。これらの旋盤類は現代の工作機械の真の先祖であり、しかもそれは目的と概念の点で先祖であるだけではなく、後に述べるように、産業革命の要求を満たすために要求された次第に大型になってゆく金属部品を徐々に仕上げてゆく工具だったからでもある。

十七世紀は科学にとっては光学の偉大な時代であった点で幸運であった。光学ガラスを作る技術は科学を好むような気質の人にとっては殆ど理想的な技術だが、このこととは全く別に、この技術の産物は科学者にとって大変役に立つ。これほどわずかな道具でこれほどの精度を達成できる分野は他にはない。

もちろん、レンズ磨きの技術は十七世紀よりも古い。アラビア人のアルハゼンは光学を大いに進歩させたが、磨いたレンズを彼が使った証拠はない。レンズ磨きの技術は中世遅くとルネッサンス時代の眼鏡作りと共に始まった。ガラス自体はそれより遥かに古く、原始人の偶然の発見かもしれない。彼らが海岸か砂漠で焚き火をした時、灰と砂が融合して透明な塊りができた可能性がある。こうしてガラスは非常に古い工芸材料だが、科学的な技術に適した材料になるまでには長い歩みが必要だった。初期の形態のガラスはひびがあり色がついていて半透明で、かなり早い時代に一部の用途で陶器と競争できる材料になったとはいえ、透明でかなり無色で加工のため適当な寸法の塊りにすることができるようになるまでには何百年か何千年もかかった。そのうえ、ガラスを扱うための多くの技術のうち初期のものには溶融、ガラス吹き、溶接などがあるが、これらは精密な光学器械の製作を可能にする研磨の技術とは全く違うものだった。

砥ぎ粉による砥ぎとルージュその他の細かくて柔らかい磨き粉による磨きの技術は、もちろん、既に述べた錠前師の金属加工技術にある程度似たものであり、それと結びついて金属製の精密な鏡を製作する隣接技術を生み出した。この技術は実は、古代の東洋とギリシャの両方で知られていた非常に古い技術の発展に他ならなかった。

平面鏡を研磨するには、アマチュアの望遠鏡作りなら誰でも知っているように、三枚のガラスと、それらを把持するための松脂と、適当な砥ぎ粉と磨き粉以外の道具は何も要らない。いま仮にガラス板Aをガラス板Bに対して砥ぐ時、両者の相対的位置が少しずつ変わっても両者がぴったり合った状態が続くなら、その二枚の板は両方とも平面か両方とも球面かのいずれかでなければならないことは、数学的に明白である。そこでもし板Bを取り上げて、それを板Cに対して砥ごうとすると、最初はたいてい両者はぴったり合いはしない。しかし、その場合砥ぎを進めてゆくと、それぞれの板の高い箇所が磨り減ってゆき、板Bは最初より平らになる。従って板AをBに対して砥ぎ、BをCに対して砥ぎ、CをAに対して砥ぎ、という作業を繰り返してゆくと、結局どの板も高い箇所が磨り減らされて平らになってゆくと予想できる。もし最後に到達した段階ではAがBに、BがCに、そしてCがAにぴったり合うのなら、三枚がどれも平面になっている以外の可能性はない。従って、ほとんど工具なしに高い水準の平面が作り出されたのであり、それは近代的工具調整工が求める最高の水準を超えるものであろう。

平面を作り上げるのと同じ方法で、ただ二枚の板だけを使い、一方の板の端を他方の板の端を行き過ぎるようにして砥げば、球面が出来上がる。球面が出来たら、その表面の形を補正して光線を収束または発散させるための幾何学的性質を向上させたいと思う場合がある。この仕事には、光の光学的性質そのものが最善の道具になる。光の屈折と反射によって表面を検査すればいい。このような理由により、望遠鏡作りは、知的興味とかなりの機械的技倆をもつが精巧な道具一式を揃える余裕のない人にとって今でもしばしば好個な遊びになっている。

最古の望遠鏡はレンズ望遠鏡だったし、顕微鏡は今までほとんど常にレンズ顕微鏡だった。レンズと鏡を研磨する方法の一般原理は同じだった。しかし、レンズの研磨は鏡の場合より難しい。レンズには表面が一つではなく二つあり、透明性は不完全であり（これがレンズの有効口径に上限を課する）、しかもレンズには均質でほとんどひびのない材料が必要である。ガリレオの望遠鏡はレンズ望遠鏡だったが、ホイヘンスは鏡を主要な光学素子として使った。

望遠鏡製作家がもっていた有利な条件の一つは、アストロラーブやその他のレンズなしの天文器械の製作家の比較的精密な工作技術が眼前にあったことである。この同じ金属加工技術が、望遠鏡と顕微鏡ではレンズ作りと鏡作りの仕事を補うために必要であった。望遠鏡は、要するに、レンズか鏡だけで出来ているものではなく、一般に金属で作られた筒や枠と、その調節に必要なネジやラックや歯車とをもたねばならない。それゆえレンズ磨きの職業はじきに科学器械作りの職業へ拡大してゆき、後者はもちろん金属加工師の錠前師に似た技術を最高のレベルで必要とする職業であった。そのうえ、ガリレオとホイヘンスによる力学上の新発見［振子などの振動の等時性］が時計師の技術の完全な改革の舞台を整え、塔時計師の素朴だが巧妙な仕事に代わってガリレオとフックの理論的研究と従来の試行錯誤的方法を組み合わせた振子とぜんまいの新技術が登場した。光学器械師と時計師との技術は、事実、最初から密接につながっていた。十八世紀には、この二つの収束してゆく技術が、航海の新革命にほぼ同等の貢献をすることになった。

光学器械の発達と、光学器械の数学と、光学器械製作技術の発達とが互いに協力して進んだことは、全く自然なことだった。この進歩は歴史上光学器械が最も必要とされた時期になされたのであり、それと同時に発明の新時代が始まったのは少しも不思議ではない。ガリレオの望遠鏡は、ブラーエとケプラーのもっと素朴な器械がその可能性を発揮し尽くした時に現われたのであり、またレーウェンフックの顕微鏡の出現は、生理学と解剖学がミクロの領域への進歩を続けることへの重大な障害がなかったならガリレオの望遠鏡より遅くなったはずはない。

こうして十七世紀は新しい思想と新しい技術の極めて驚くべき結婚の舞台であった。それはスピノザのような哲学者がレンズ磨きの経済的独立性を支えにして自己の思想の独立性を強化することのできた時代であった。この新思想と新技術はどちらか一方だけでも十七世紀を発明発見の偉大な時代にしたであろうが、両者が合すれば、技術の進歩がもはや散発的ではなくなって、しかもそれが我々の文明の中へすっかり組み込まれてゆくような新しい時代を開くことが十分できるのである。

帆船は今ではすっかり廃れ、我々は、それがいかにすばらしい技術だったか、それ独自の種類の工学技術をいかに多く必要としたかを殆ど忘れ始めている。実は、帆船とその装置の構造の改良は徐々に進んだのであり、舵取りオールが舵柄と舵板へ進化するには何百年もかかり、しかも舵柄は最初は直接手で操作された、やがてホイップスタフ（舵柄制御レバー）または十七世紀末に舵輪で制御されるようになった。エリザベス朝帆船の四角の前檣帆と三角の後檣帆は、時の歩みとともに一方では船首に張る三角のジブやフライングジブへ、他方では横帆式の後檣帆へ進化した。しかし、船体と操縦装置のこれらの改良は、航海そのものの発達よりずっとゆっくりしか進まなかった。

十八世紀の初頭までは、緯度の決定は容易だったが、経度の決定はほとんど不可能だった。船は海岸に沿って帆走し、海の向こうの目指す陸地と同じ緯度まで南または北へ進む。それから真直ぐ東か西へ進んで陸地を見つけるのだった。もし船長が不運にも風と海流の見積りによる推定航法をしくじったら、対岸への到達が予想より早くなるか遅くなるかして、しばしば船は遭難する。従って海洋大国のイギリスとフランスはどちらも十八世紀の初期に、経度を決定する適当な方法に懸賞をかけることが必要と感じた。これらの懸賞金は両国で何度も支払われたが、どちらの国でも受賞者に与えられた賞金は極めてけちなものであった。

経度の問題は時計の問題である。その理論はずっと昔から分かっていた。実際的な方法は二つあることが知られていた。一つはぜんまい式の時計で、何日も船の運動に耐えて狂わないような頑丈さと自己補償性をもつクロノメータを製作することだった。もう一つは天然時計である月の観測の精密化だった。両方とも結局は成功したが、両方とも器械製作法の大改良を必要とした。時計のほうは、それまで考えられなかったほど精密で頑丈に作らねばならなかったし、他方では望遠鏡のような扱いにくい装置を簡便で携帯できる航海用六分儀へ進化させねばならなかった。航海時代の中で、この偉大な産業技術が時計師と科学器械師の手に入り、このどちらの職業でも、金属とガラスを扱う技術が新しい水準へ到達した。

十八世紀の末までに、しかもいくつかの問題ではもっとずっと前に、時計師と科学器械師の伝統と道具は、近代的工学技術のそれらに匹敵する水準に達した。既に旋盤は真鍮の精密加工に適するようになり、長さや角度の目盛りを検測して刻むのに適した目盛り機械が考案されていた。他の分野の工作では、おそらく砲身の中ぐり器を除けば、工作機械は大まかに見てさえそれほど発達してはいなかった。従って当然ながら、ワットや同時代の発明家の多くは、最初は時計師か科学器械師となる修行をした。

蒸気機関は、最初に発明されたときは、ひどく不完全だった。事実、ニューコメンが鉱山の水汲み用に考案した形では、真空とせいぜい大気圧をほとんど超えない圧力との間で運転された。

ニューコメン機関は、あまり高い水準の工作は何も必要としなかった。ワットの機関はニューコメン機関をいくつかの重要な点で超えていた。一つには、ニューコメン機関の蒸気の流入と排気の流出を調節する弁装置は極めて大ざっぱだった。それは最初は、助手が紐を引っ張るだけのものだった。後に、助手たちの一人の発明の才——または通説では怠惰——の産物として、ピストン自身の運動が紐を引っ張るようにした素朴な装置が生まれた。これに反しワットの機関は十分発達したかなり複雑な弁装置を具えていた。

熱力学的には、ニューコメン機関は同じ筒を気筒と復水器として使うので、ひどく効率が低く、熱エネルギーの圧倒的大部分を浪費した。ワットは分離復水器を発明したが、それに劣らず重要なことは、彼が蒸気機関を単にポンプを動かすためにでなく回転式機械を運転するために設計した点である。

従ってニューコメン機関は十八世紀の技術に過大な要求を課しはしなかったが、ワットの機関は当時の技術にぎりぎりの努力を課した。例えば効率については、ワットにはぴったり合うピストンが必要だったが、彼が頼むことのできた工作技術の最高水準では、ピストンをシリンダーに合わせるのに後者の周りに薄い六ペンス貨幣をやっと差し込める程度以上のことはできなかった。ワットは歯車の列と連結を広範に利用したが、当時は歯車の歯は手で一つずつ切削せねばならず、また連結を腕のいい鍛冶屋の仕事より精密にすることは望めなかった。実はワットは金属工作技術を、時計師の技術と相似だが十倍の寸法で行なえるように開発する必要に悩まされた。この技術は全く土台から開発せねばならなかった。

ワットの時代の工学技術者がぶつかったパラドックスは、蒸気機関の精密な機構の製作は、動かすのに蒸気機関（あるいはたぶん水車）を必要とするほど強力な工具を使わねばなかなかできない、という問題だった。どんな工学技術にも、ある家族史、家系図のようなものがある。鍛冶屋の槌は、前の鍛冶屋の槌で鍛造された。従って、産業革命が始まった時、機械製作の最初の困難は大胆で荒っぽい手作業で取り組まれた。それから新しい次々の段階が、それぞれの次の段階への進歩を、より容易、より精密にしていった。手動工具が最初の蒸気機関を作り、その蒸気機関が後の蒸気機関を製作するための工具を作った。こういう成長の歩みの中で、製作可能な部品の寸法と強さが次々に増大した。こうして現代の工作機械は、時計師の作業台上の小さな旋盤から累代の成長によって今日に至ったのである。

　初期の発明の歴史の中で格別重要な役割を果たした国の一つは中国である。我々が中国に負っているものには、印刷と紙と火薬の発見ばかりでなく、繊維技術と金属技術と我々の油田掘削技術の直接の祖先である井戸掘り方法との偉大な開発がある。

　これらの発明の一つ一つに立ち入る前に、中国人の社会思想は工人の技術にとって非常に好都合だったことを指摘しておこう。工人の社会的地位は中国では、後にヨーロッパの中世後期とルネッサンス時代のフランダースとイタリアの都市国家で達したのとほぼ同程度に高かった。ヨーロッパでは兵士は常に社会の最上層に十分近い地位に立っていた。中国では儒教の階級分類が、学者‐政治家すなわち官吏層に最高の地位を与えた。それに次ぐ階級は農民で、それは作男から自分の地所で働く地方郷士にまでわたる全階層を含む。その次は工人で、その下が他人の作ったものを売る商人である。さらにその下に社会の様々な下級の仕事をする人々が位置し、一番下が兵士である。中国人がよく言う諺に、「釘を作るには良い鉄を使わず、兵士を作るには良い人を使わず」という諺もある。従って工人はおそらく中国社会で真ん中より少し上の地位にあったのであろう。

　十九世紀と二十世紀初期の中国の保守性は長期的な現象ではない。おそらくそれは中国の人口過剰とほぼ同時的な現象であり、人口過剰が始まったのは十七世紀末よりあまり以前ではない。ルネッサンス時代までは、中国はヨーロッパと比べて、知的活動でも、長生きする人の数でも、好ましい生活のための環境設備の点でも、明らかに優れていた。このことは、マルコ・ポーロが中国について言わねばならなかったことによって我々に明らかにされた。そのうえ、イエズス会修道士マテオ・リッチのようなヨーロッパのルネッサンス人でさえ、中国へキリスト教の伝道にやってきて自分の嫌う多くの事物に出会ったにもかかわらず、十六世紀と十七世紀の中国人の生活の詳細の中かなり多くのものが、彼がヨーロッパで慣れていたものより文明化が進んでいることを認めねばならなかった。

事実、彼自身の生涯を見ると、当時の中国は知的真空どころではなく、知的な問題は中国の支配者たちを大いに魅惑した。彼を中国の皇帝と高官たちに高く評価させたものは、彼が持ち込んだ西洋の数学と天文学の知識であり、それらは以来中国の高等教育の一部になった。結局は彼はマルコ・ポーロと同様に中国の官吏になり、中国の学問をかなり修得した。彼が科学に精通していたことの一例を挙げると、彼は中国人のために世界地図を作ったが、選んだ投影法は、科学的に正当ではあったが、中国の相対的面積が中国人の偏見に合うように十分誇大化されるような方法であった。

中国を西洋に知らせた個々の発明のいくつかを取り上げよう。印刷と紙の発明について言えば、我々は一般にこの二つを間違った順序で考え、印刷を過度に重視し、紙を過度に軽視している。良い書写材の問題は文字書きの始まりから人間を悩ませてきた。初期の文字書きは石か土器か金属に刻み込むことからなり、中国でもそうだった。文明の先頭に立った国々は、ほとんど常に文書を保存することのできる軽くて持ち運びできる書写材を見つけた。バビロニアとその近隣の国々では、書写材は単にユーフラテスの泥を焼いたものだった。これに楔形の尖筆で刻む方法によって、多くの文書をもつ当時では並外れたレベルの文化がもたらされた。初期のインドともっと東方の諸国は椰子の葉を大いに利用した。ところが、これは一方向への木目（葉脈）が多すぎるので裂けやすく、多かれ少なかれ丸っこい書体を必要とする。この円形文字はセイロンと南インドで今日に至るまで見られる。エジプトと後のギリシャとローマのパピルスは、パピルスという草（カヤツリグサ属）の髄を層状にして何枚も張り合わせて作られた。この物質は木目があまり目立たないが、やはり脆くて破れやすい。

羊皮紙と子牛の皮で作るベラムは、もっと丈夫で、もっと耐久性のある書写材だった。それらは値段が高すぎるという難点があったので、この書写材の発達に伴うもう一つの代価として、全く尤もなことだが、文字を細かくゆっくりと美術的に書く方法が発達した。これらの書写材は、聖典の巻物用と、ほとんど全く僧侶と金持だけの教養のためには十分であったが、読み書きの広い普及を極めて困難にした。

今日ではほとんど世界中に普及している書写材を発見したのは中国であった。それは木目がなく安くて豊富に使え、紙と呼ばれているものである。

中国人は今日でさえ書写に対し特異な敬意を抱いている。彼らは文字が筆写または印刷されている紙片を投げ捨てることを好まないし、そういう紙片で壁飾りを作りさえする。彼らは書写を容易にする材料の発見に最初から莫大な情熱を注いでいたに違いないと考えるのが自然である。

明らかに彼らが最初に作った紙は、繊維素からなるものではないという意味では本当の紙ではなかった。それは絹繊維のフェルトだったから、構造は紙に似ているが化学的には紙とは違う。後に中国人は桑の樹皮を使った。これでは繊維素からなる本当の紙ができ、次に綿の繊維からなる紙が作られた。これは書写材として羊皮紙より安く、多分パピルスとほぼ同程度に安くさえあった。それは羊皮紙のように丈夫ではなかったが、パピルスや椰子の葉よりは丈夫だった。

中国人は文字を書くのにペンではなく刷毛［毛筆］を使ったので、書写材の丈夫さに対する要求は、ペンのように書きつける先端が小さくて書写材の中へ食い込みやすい器具を使う場合よりかなり軽い。この刷毛を使う書き方――それは間もなく絵画にも使われるようになったが――に伴って、我々が誤って「インドインク」と呼んだかなり粘性の高いインク［墨］が使われた。紙は、じきに書写材だけでなく絵画材にもなった。これは注目に値しない。なぜなら中国人は絵画術と書字術をほとんど区別しないからである。

書写材が豊富に得られ、粘っこいインクが生まれると、印刷術はほとんど自動的に生まれた。今までどの国も文書の作成者を確認する方法として印章を使ってきたが、印章には色々な種類のものがあった。バビロニアの印章は粘土に押され、粘土に押される印形が刻まれた円筒を指す言葉でもあった。西洋の印章はしばしば蠟に押されたが、ローマ教皇の印のような非常に特殊な印章は薄い鉛板に押された。しかし中国人は最初からインクの印章を盛んに用いた。そして彼らのインクの粘ばっこい特性が、ここで再び一役を果たす。それらの印章はたいてい象牙か石で作られた小さい物体で、持ち主が自分の文書を自分のものだと証明するために携えていた。実は、中国人の文字は書き方がきっちり決まっているので、毛筆による署名では書き手を証明するのに十分でない場合が多い。中国の銀行は、少なくとも最近までは、毛筆で書いた小切手には振出人を証明するのに、本人の署名ではなく、銀行に印形を登録してある印章を押すことを要求してきた。

団体の役員や役所の印章は、しばしばもっとずっと精巧で、石鹸石製のものや翡翠製のものさえあり、版面が数平方インチあり、上部には複雑な彫刻が施されて唐獅子とかそのほか中国人が尊ぶものの影像になっている。従って、中国人が早い時代に一個の印章にかなり多量の情報を刻み込んだのは全くごく自然なことだった。こういう環境の下では、彼らが書物の一頁全体を、石ではなく木に彫った本質的には一個の印章と見なせるものを押して作るようになったことは、少しも不思議ではない。

これが中国の木版本の起源であり、それは我々の本と同様に紙に次々の頁が印刷されているが、一つだけ違いがある。中国の紙は我々のものより薄かったので、紙の片方の面に印刷されたインクが他方の面ににじみ易かった。それゆえ、我々の本の表頁と裏頁を、一枚の紙の両面に印刷する代わりに、一枚の紙の左右に並べて印刷して、それを二つ折りにした。

近代生活にとって重要な諸技術に密接な関係をもつ中国の技術のうち、その重要さにふさわしい地位を今までヨーロッパで与えられてこなかったものの一つは、井戸掘りの技術である。我々（西洋人）は、油田の鑿井の話はよく聞いており、石油はしばしば塩水をも含む地層に見つかることを知っている。中国の鑿井は、たいていそのような地層の中の塩水を探すためで、中国帝国がフランス王国と同様に徴税構造の一大部分を塩への課税に依存していたという事実と密接に結びついていた。その鑿井は、先端に切削刃を取り付けた竹の筒を地中へ差し込んでゆく方法でなされた。ちなみに、竹は西洋にはよく知られていないが、独自の仕方で木材に劣らず重要な技術材料である。我々の近代的な鑿井機の場合と同様、その切削刃は穴をあけようとする岩石の中へ一段一段打ち込まれ、一打ちごとに少しずつ回された。蒸気機関や類似の装置はなかったので、刃の上げ下しは人力でなされ、この人力使用は、刃を毎回上げた仕事を浪費しないように釣り合いおもりの使用を伴うものだった。釣り合いおもりは弾力のある竹竿の形をとり、その端に鑿井機が吊された。

中国に帰されるもう一つのいっそう重要な発明は、火薬の発明である。火薬の問題は今日の我々にとって格別意味深い。というのは火薬の技術的利用の問題の一部は原子力の使用の問題と密接な平行関係をもつからである。非常に集中的なエネルギー源を制御するには、制御技術に極めて大きな要求が課される。そのため、火薬が発見されると、まず使われたのは、大きな音を作り出して悪魔を退散させるためで、もっと役に立つ用途への利用は後だった。

以来何百年もの間、火薬の第一の用途は軍用だった。大砲への火薬の利用は、軍事利用の当初には起こらなかった。蒙古人はアジアと東ヨーロッパにわたる遠征で、火薬が城壁の爆破に役立つ道具であることを知った。

このほとんど全く制御されない仕方の利用の次の段階は大砲だったが、それは最初はざっと円くした石の球を飛ばす大砲で、やはり城壁の破壊が目的だった。最初期の大砲はばかでかい装置で、金属鋳造技術はその歴史のもう少し後の段階までは攻城砲の製造には十分でなかった。最初の大砲の多くは縦長の板の束を鍛造したたがにはめた構造であり、爆発して砲手たちを死傷させる危険が絶えなかった。その後、砲身鋳造技術が開発され、さらに後にいっそう強靭な砲身の鍛造と中ぐりの技術が開発された。

大砲の登場は小銃より早く、小銃は実は最初は騎兵の鞍の前弓部に取り付けた小さい携帯用の砲にすぎず、火縄で点火した。最初期の大砲、および何百年もの間のあらゆる大砲と小銃の型は、先込め式であった。これは、どんな大きさについても元込め式を作ろうとする試みがなかったからではなく、初期の元込め式は当時の技術の限界を超えていたからであった。砲尾の密閉、すなわち筒口と尾筒部閉鎖具の間の逆火の封鎖のための良い方法が見つからず、また当時の金属加工は頻繁に起こる尾筒部破裂事故を防ぐに足りる信頼度をもっていなかった。弾倉回転式の大砲や機関銃も鉄砲鍛冶の初期時代に試されたが、当時存在した鍛冶技術の枠内では満足なものはできないことが分かった。

原子爆弾と関連して、今日我々は非常に集中したエネルギーの制御という同様だが恐らく解決できない問題に直面している。そのような制御の困難さと、原子核分裂研究の決定的段階が大戦直前に起こったという偶然とのために、原子爆弾は原子エネルギーを制御可能な動力源にするより前に生まれた。ウラン爆弾とプルトニウム爆弾に関する限り、我々はそれらと平行して、原子エネルギーを適当に遅い速度で放出するようにできるであろう原子炉技術をもっている。しかし、それより先への原子技術の拡張は、水素爆弾の場合によって例示されている。この場合は、爆弾全体の爆発が起こる前の段階で核分裂爆弾を使って、最終的爆発物質（核融合物質）を望ましい反応（核融合反応）が起こるような十分高い温度にすることが必要である。その必要な温度は太陽内部の温度と同程度であり、どんな形の物質も固体状態を保てない温度である。

それゆえ、今日そういう反応を利用できる唯一の方法は、その爆薬と接触することになる物質の慣性によって爆薬を閉じ込めることであり、従って爆薬を取り囲む物質が蒸気またはもっと徹底的に分解した形態になって飛散する前に有効な圧力を作り出す短時間の爆発を利用することである。現在のところ、我々が水素爆弾の魔物を閉じ込める魔法の瓶を作れると期待すべき合理的な根拠はない。とはいえ火薬の歴史を見れば、我々はかつて制御できないようにみえた魔物に出会い、それを支配し飼い馴らす方法を見つけた。事実、今日あらゆる自動車のボンネットの下にあるエンジンは、いくつもの砲身を束ねたようなもので、火薬に劣らぬ強力な気化性爆薬を使うが、その力を有用な目的へ封じ込めているのである。このことは、我々が高度に発達した金属加工技術を獲得したからこそ可能になった。

以上の他にも、技術的手段と十分高いレベルの一般的技術と使える材料がなかったために貴重な発明がかなり長く拘束されていた例をいくつか挙げたいが、それらは近代的なもので比較的複雑なので、後の章に回すことにする。それらの章では、電話、ラジオ、テレビなどの歴史をもっとバランスのとれた仕方で論じることができる。

5　社会的風土と発明

第一章で述べたように、なぜある時代が発明を豊かに生んだのか、なぜその時代が発明の基になるアイディアを豊かに生んだ時代と必ずしも同じではなかったのかを考える場合には、発明の過程の内的なイデオロギーをもっとよく考察せねばならない。ここでは既に要約の形で論じたギリシャ人の例を、もっと詳しく考察しよう。

西暦紀元前第四世紀は、科学の基礎的アイディアを生んだ点では、世界の歴史上最も多産な時代の一つだったが、芸術の場合と違って科学では、格別の技術的発展が起こった時代ではなかった。それとは対照的に、ギリシャ文化の末期のヘレニズム時代にはアレクサンドリアのヘロン、アルキメデス、トレミー（プトレマイオス）などのような卓越した実践家の名が含まれている。ヘロンは既知の最初の自動機械のいくつかを発明したか、または少なくとも発明したと言われている人で、また原始的な蒸気機関を考案し、しかも実際に作ったらしい。アルキメデスは静水力学（流体静力学）の創始者である。もし伝説が本当なら、彼はローマ軍に対するシュラクサイの防衛に数々の巧妙な発明装置によって大いに貢献した。トレミーは天文学と地理学の両方に大きな貢献をし、また地球の大きさと形の測定に積極的な役割を果たした。この二つの時代、即ちどちらも我々［西洋人］が古典古代世界と考えているものの属するアテナイ時代とヘレニズム時代が、発明への関係においてこれほど違うのは何故だろうか。

この違いの原因は、プラトンの言った、理想国家では国王は哲学者（愛知者）にならねばならず、哲学者は国王にならねばならないという言葉を少し変えて言い替えることによって見つけることができよう。発明の偉大な時代のためには、工人は哲人にならねばならず、哲人は工人にならねばならない。紀元前四世紀のギリシャ人の教育や訓練には、工人と哲学者を橋渡しするものは殆どまたは全くなかった。

陶工の作品は見事で工人一般の工芸の成果は高い水準にあったにもかかわらず、アテナイの盛時の工人は、奴隷でない場合も、しばしば身分の低い社会の周辺的メンバーであった。画家と彫刻家は多分例外だったと見なせるが、そう見なすなら直ちに、それらの人はいかに狭いグループに属し、技術の改良の諸側面のうち科学に容易に結びつく面にはいかにわずかな関心しかもたなかったかが分かる。

逆に、ギリシャの哲学者は紳士であり、政治と戦争に参加し、内省には関心をもったが手仕事はしなかった。ギリシャ人の科学的研究の本性そのものが、これを立証している。古典ギリシャの科学は、手作業とはごくわずかな関係しかもちえない思索からなり、しかもその多くは、量の測定と数による計算ではなく、数と量の論理に没頭するものである。ギリシャ人の幾何学図形はおそらく砂に描かれ、アテナイの技術は、今日知られている限り、コンパスと定規として精密な道具を何ももたなかった。

論理と洞察の非凡な組み合わせによって、古典時代のギリシャ人は、非合理的関係（無理数の比）をもつ線分という概念や、二千年後に物理学で実を結ぶことになった円錐の断面（円錐曲線）という概念などを生み出すことができたが、彼らにとっては自国の鍛冶屋や大工に理解してもらうよりは、何百年も先のルネッサンス時代や現代の技術者‐科学者と話し合うほうが容易だったであろう。

実はギリシャ以前のギリシャの地には、ダイダロスやクレタの技術者たちが王や学者たちと意思を疎通することができた時代があったが、これは既に過去のおぼろげな記憶にすぎないものになっていた。ダイダロスは、ものの考え方の点でプラトンよりはワットと同時代の人であった。

我々はクレタ人の文書と思われるものの多くをまだ解読できないが、クノッソスの配管工文明にはダイダロスの伝説が本質的に真実であることを示す十分な証拠がある。なぜミノア人のダイダロス文明が興ったのか、何故その名残り程度のものしか古典時代に残らなかったのかは、我々は推測することしかできない。

都市国家のあの見事な花盛り、そこでは紳士は哲学者になる暇をもち、生活上の荒仕事は奴隷か公民権を剝奪された在留外国人にやらせていたが、それはペロポネソス戦争の破局の中で、開花の時に劣らぬ速さで散っていった。その後この都市国家はフィリッポスとアレクサンドロスの国際的超国家へ吸収されて完全に消滅した。その結果ヘレニズム時代が興り、その中でギリシャ文明の精華は、それを生んだ小じんまりした都市国家の枠をはるかに超えて広がり、ギリシャ人と野蛮人がもっと対等に近い立場で出会う世界へ伝わった。エジプトのアレクサンドリアはヘレニズムの都市の典型だったが、シチリアのシラクサもはるかに後れてはいなかった。これらの新しい国家で、ギリシャ人、エジプト人、フェニキア人、ユダヤ人、シリア人、シチリア人、およびイタリア人が都市文明の参加者として出会った。その文明の下では、ギリシャ語が主要言語で、ギリシャの盛時の知的伝統が思考の基調になったが、ギリシャの排外主義全般と特にギリシャ的都市国家は打破された。この新世界の中で、アレクサンドリアとシラクサは現代のパリとニューヨークの先駆であった。この新文明の下では、工人と哲学者が同じ言葉を話し始め、限られた期間にわたる科学と工学技術の発展が始まった。

既に述べたように中国の社会制度は、ヘレニズムのそれと似て、工人と哲学者の一定の社会的接触を促進し、発明にとってほどほどに好都合な風土をなすものだった。

ヨーロッパの中世後期とルネッサンス時代には、社会的風土が再び発明に比較的好都合になり、いくつかの点で昔の中国の風土と似たものになった。封建領主の権力にもかかわらず、都市は自分たちの力を主張し始め、特にイタリアとフランドルではそうだった。これらの都市では職人のギルドが、封建領主が領地に対し主張した権威の多くを自ら主張した。諸都市の独立と半独立の動きが全面的に開花する前にさえ、建築家や寺院装飾家のような特殊な種類の職人は既に高い社会的地位を占め始めていた。

十七世紀の間に諸都市は独立の地位の多くを失い始めた。ただしオランダの勃興とイングランドにおけるクロムウェルの抬頭は職人層と中産階級による大きな勝利と考えても多分よかろう。しかし、当時おそらく西洋文明の支配的国家だったフランスでは、国王と宮廷の中央権力がますます力を振るうようになった。

私がこういう歴史の問題に立ち入るのは、それらの問題自体のためではなく、ましてやそれらについて何か補足的なことが言えそうだと思うからではなく、今日の社会的諸関係をそれが発明に影響を与える限りで検討するための地固めをしたいからである。十八世紀はイギリスとフランスのどちらでも職人の地位に関する限り興味深い転換期であり、今日見られるような影響の始まった時代であった。イングランドでは強力なホイッグの支配階級が、外国〔スコットランド〕からの国王の存在により、この国の事実上すべての富と支配権を握ることが可能になった。この専横の下で半世紀以上にわたりブルジョア〔商工業層〕の地位は、教会と学校と大学と軍隊を既に握っていた貴族階級が実はブルジョア貴族たちであったとはいえ、依然として抑えられていた。しかし、表面の下では職人（工人）が新勢力として団結する兆しを見せ始めていた。ワットについては既に言及したが、彼は決して孤立してはいなかった。十八世紀後期はグレート・ブリテンでは偉大な道路工学者の時代だった。このことはマカダムとティルフォードの名を考えるだけで分かる。画家で詩人のブレイクは何よりもまず版画職人だった。さらにホガースの風刺画まで遡れば、勤勉な徒弟と怠惰な徒弟を並べた物語絵のなかに職人が獲得し始めていた高い地位の片鱗が愉快に描かれている。

おそらく、十八世紀に職人が到達した最高の地位は、ベンジャミン・フランクリンのそれだったろう。彼はアメリカの知識層の指導者であっただけでなく、フランスで、そしてイギリスでさえ賓客として遇された。フランスでは彼は、百科全書家たちの間で起こっていた新しい知的醱酵の刺激者でもあり代表者でもあった。この知的醱酵は、それに伴う技術者の等級別格付けとともに、宮廷へさえ浸透し、ルイ十六世のお気に入りの道楽は錠前師の仕事をすることだった。

このことは我々の目をフランス革命の時代まで下らせる。そこには、科学者‐職人に対し、少なくともこの職業の最底辺よりちょっと高い分野では、非常に混乱した態度が見られる。ラボアジエをギロチンへ引っ張っていった男たちは、彼の抗議に対して、「共和国には化学者は要らない」と答えたと言われている。しかし、いったい我々は、ラボアジエが科学者として処刑されたと考えることができるだろうか。なぜなら彼の徴税人という評判の悪い地位は、彼がテロの犠牲になることを保証するのに、それより千倍も役立ったはずだからである。

フランス革命が科学者に対してどんな敵意をもっていたにせよ、それらはラザール・カルノーの仕事によって確かに大いに軽減された。彼はフランスの恐怖政治の時代の支配者のうち生き残ってナポレオンと新王政の下で無事に立派な生涯を送ったほとんど唯一の人である。フランスは彼を勝利の組織者として記憶している。ヨーロッパのあらゆる専制君主がフランス革命に反対して戦争を挑んでいた忌まわしい時代に、彼はあらゆる軍需物資の供給を確保した。例えば、彼はパリのあらゆる古くて汚い地下室の壁や床を掻き取って、土壌中の動物産物の析出物から火薬用の硝石を採取した。混乱と窮乏の下の国のために科学的な助けを与えた点で、カルノーは、かつてステヴィンが新共和国オランダのためにやったことを二百年後に繰り返したのである。

フランス革命とそのすぐ後の時代は思想家にとってイギリスでもフランスでとほとんど同じように危険な時代だった。化学者ラボアジエがフランスの恐怖政治により旧体制の代表者の一人として処刑されてからほどなく、もう一人の化学者イギリスのジョセフ・プリーストリはフランス革命への同情のかどで暴徒により自宅から追い出され、アメリカへ渡ることを余儀なくされた。

十八世紀の重要なアメリカ人科学者の一人ベンジャミン・フランクリンのことは既に述べた。アメリカ独立革命の中で、もう一人の有名なアメリカ人科学者はイギリスの側に付き、ベネディクト・アーノルド将軍の主計官を勤めた。それはマサチューセッツ州ウォバーンのベンジャミン・トンプソンだった。革命の最中にトンプソンはイギリスへ無事に逃れた。ただし、ここで言っておかねばならないが、彼はある利権を母国に持ち続け、ボストンのアメリカ科学アカデミーは彼の遺言によって創設された。イギリスでは彼は王立研究所の創設者となったが、そこでは発明の科学面と産業面を結合するための現実の試みがなされ、またハンフリ・デイヴィー卿やマイケル・ファラデーのような科学者が活動の場を得た。

ついでに言えば、次のことに注目すれば当時の科学界の緊密な人的絡み合いの姿が目に浮かぶであろう。その絡み合いは今日の科学界のそれとはかなりちがうが、ベンジャミン・トンプソンは、ニューハンプシャー州コンコード（当時ランフォードと呼ばれていた）の出の最初の妻の死後、ラボアジエの未亡人と結婚し、以来二人の生活は不幸であった。トンプソンは鋭い観察力と優れた才能をもってはいたが、相当な上昇志向家であり、ついにはバイエルン選挙侯の内務大臣になってランフォード伯爵の称号を得た。ここで彼は、砲身の中ぐりからの熱の発生の研究で科学的興味と技術的ノウハウを組み合わす彼らしいヤンキー的才能を引き続き発揮した。今日ミュンヘン市を訪れれば、同市の大公園であるイギリス庭園にランフォードの生涯の一つの形跡がありありと見られる。その庭園を作ったのはイギリス人ではなくマサチューセッツのアメリカ人である。

発明の社会学で最も興味深い社会的問題の一つは、職人的な要素と純粋に科学的な要素との交錯の問題である。おそらくこの分野で今までになされた最好のバランスは、マイケル・ファラデーと彼の晩年の同僚ジェームズ・クラーク・マクスウェルの仕事の中に見るべきであろう。ファラデーは、若いとき化学者ハンフリ・デーヴィー卿の実験助手だったが、不易の電気理論をイメージと言葉の図形とでも呼べるもの（比喩）からなる言語に基づいて作り出した。マクスウェルは数学者で何よりも大学人だったので、ファラデーのこれらのアイディアを取り上げて明確な数学的言語へ変換した。そうすることの中で彼は光と電気の同一性を確認し、直ちにハインリヒ・ヘルツの電波の研究への道を、そして後に無線電信とついにはラジオへ至る道を開いた。まさしく十九世紀の真ん中とその直前のこの時期に、ニュートン物理学は機械工学者が自由に扱えるものになり始め、イギリスでは特にそうなった。ここで我々はピーター・テイトとウィリアム・トムソンのような人物の名を挙げねばならない。トムソンは後にケルヴィン卿になった人で、理論科学と産業との間にこの頃に現われ始めた合成家の驚くべき典型である。確かに彼は当時の最大の物理学者の一人だったが、彼はまた第一級の産業家で、ケーブル産業その他の科学に依存する産業分野への彼の働きによって稼いだ多大な財産を残した。

今日ケルヴィン卿のことを考えるためには、もう一人の科学者レーリー卿のことも併せ考えねばならない。レーリー卿はおそらくケルヴィン卿よりいっそう偉大な科学者だったが、ケルヴィン卿と違って彼の爵位は世襲のもので、科学上の業績で授与されたものではなかった。この二人は、十九世紀の中葉に科学者が獲得した威信を見せてくれたが、また知的なものと実際的なものの格別密接な結合を表わしている。この時代は、工学の歩みが独自の研究と教育の機関を生み出すことが不可避になった時代であり、イギリスは新しい種類の技術研究教育機関についてはヨーロッパ大陸およびアメリカと十分同じレベルには達しなかったにせよ、ケルヴィン、レーリー、等々の影響はイギリスの内外両方の教育に見ることができる。フランスのエコール・ポリテクニックは本来は軍の学校だったが、それを別にすれば世界の大きな工業学校の大多数は、ロンドンの王立科学専門学校やマサチューセッツ工科大学やチューリヒ工科大学やベルリン工科大学も含めて、十九世紀中葉のこの時期に創設された。

この時代は、前述のように、イギリスでは科学貴族の時代だった。ドイツの諸国では科学者の地位はほとんどそれと同程度に引き上げられ、当時のドイツの科学者の一部の生涯は理論的なものと実際的なものの組み合わせという点でイギリスの科学者とかなり似ていた。ここで私の頭に最初に浮かぶ名前は、生理学者で数学者で物理学者のヘルマン・フォン・ヘルムホルツである。実はここで私はゲッチンゲンのカール・フリートリヒ・ガウスとヴィルヘルム・ウェーバーによる電信の発明を挙げるべきなのである。これらのドイツの高い地位の科学者の大半はゲハイムラート（枢密顧問官）に列せられたから、イギリスにおける科学貴族の時代はゲハイムラートの時代でもあったと言ってよかろう。

6　二十世紀初めの科学的風土

イギリスの科学貴族とドイツのゲハイムラートの時代は、純粋科学者と職人と産業家の間に鋭い利害対立が何も起こらなかった時代だった。この三つのグループはいずれも、古い軍事的・農業的貴族政治からの独立と、この貴族政治が紳士にふさわしい唯一の学問だと考えていた伝統的な古典学からの独立とを宣言しようとしていた。従って、工業学校の抬頭と、普仏戦争後の新しいドイツが科学による産業化を決意した政策とは、この三グループのいずれにも受け容れられる現象であった。

これらに加えて言わねばならないことに、十九世紀の後半は、何よりもまず、ニュートン物理学とそれに続く化学の二百年にわたる蓄積が産業家たちに役立つようになってきた開発の時代であり、しかも新しい鉱山と新しい森林と新しい大陸が、少なくともその最初の新しさと豊かさでは永久に続くものではないことをほとんど考慮せずに開発されるようになった時代であった。従って、科学者と発明家と産業家が利害の対立なしに協調してやることが沢山あった。

この時代は作業場の特許権が支配した時代であり、発明家とは自分自身か雇い主の作業場を使って新しい機械仕掛けを作る人だと思われていて、その機械仕掛けは、とにかく役に立つなら重要な発明であり、科学者の技術によって性能を可能な最善に高めなくても産業家の金庫に金を呼び込み大衆の想像力を引き付けることができた時代だった。

純粋科学者は、少なくとも一般人や産業家が思っている限りでは、慎しい生活をし影響力をごくわずかしか持たない人で、産業の詩人のようなものであり、詩人や画家に向けられるようなやや哀れみを込めた寛大な眼で見られ、これといった重要さを何も持たないと見なされたがゆえに純粋科学者の思考に必要な自由を与えられたのであった。

アメリカの南北戦争が終わり人々が平時の思考習慣と金儲けとへ自由に戻れるようになった時に起こったアメリカの産業の大膨張の中で、発明のゲームに新しい要素が入ってきた。この新要素はトマス・アルヴァ・エジソンによって代表された。あらゆる発明家の中で、彼は人々の夢をかきたてた点でおそらくアメリカで最大の人であり、世界で最大の人かもしれない。彼は初期の仕事では機械の発明屋の部類に属する。例えば、彼の多重電信機の発明は、既に十分確立されていた科学的原理のいくつかを巧妙に組み合わせたもので、科学に何か新しい原理を持ち込んだものではなかった。このことは蓄音機と白熱灯への彼の貢献についても言える。特に後者は、何か格別新しいアイディアによるものでなく、多数の材料をこつこつ調べることに依存した。後に、電灯と関連して彼は、本書で後に彼に由来する最大の科学的革新として述べるものを発見したが、それでは一セントも儲からなかった。それはエジソン効果と呼ばれるものであり、電球の中の真空は、フィラメントが熱されると、この効果によって電気伝導性になる。

しかし、エジソンの最大の発明は、科学的ではなく経済的な発明であった。それは産業［民間企業］の科学研究所というものの発明であり、これはかなり大きな訓練された技術者のチームが一人の中心人物の指揮の下で日常業務として発明の仕事に取り組む研究所である。当時は雇用主の道義的責任の範囲があまりはっきり定められておらず、労働組合が企業主からかなり大きな権限を勝ち取る前の時代だったので、エジソンは専制的な主人であることができ、事実そうであった。彼は自分の研究所で生まれたあらゆる発明を世間にエジソンの名で知らせ、アイディアを出した科学者や、その実行を任せた科学者の名を出さないようにすることに細心の注意を払った。彼はビジネスと巧みな広告の達人だったが、また自分のモットーとして一種の平凡な職人らしい簡素な性格を身に着け、それを利用したふしもあった。

彼の後を継いで、かなりの年月が経ってから、他の産業家と産業組織が産業界の研究所をエジソンの段階を遥かに超えたものへ発展させた。特にジェネラル・エレクトリック会社、ウェスチングハウス産業複合体、ベル・テレフォン研究所などがそうだった。しかし、この時には既にギルド時代の未訓練労働者の雇用の時代はおおかた終わっており、これらの組織体は、そこに所属する発明家や科学者の業績を認める点でもっと開けた政策を採用せざるをえなくなっていった。

十九世紀の末までに、本書で既にギッブズの場合について言及したように、科学は新しい段階へ入り始めていた。世紀の末の直前に、物理学者たちの間に、今後の世代の科学者にはもはや既知の諸量を二桁か三桁精密に測定する以外の仕事は残っていまいという、いささかもの悲しい自慢であるにせよ、誇らしげな声が上がった。ところが、こういう予言をした人たちがまだ生きているうちに、これらの言葉は彼らの口中の苦虫のようなものになってしまった。ギッブズの、プランクの、そしてアインシュタインの新しい仕事が、ニュートン流の科学の総合は、アリストテレス流の科学の総合が十七世紀に出会ったのと同様に、新しい実験や観察にあまりうまく合わないことを示すに至ったのである。科学者たちが古い言葉では完全に記述することのできない特性をもつ新しい現象を扱わねばならない新時代が開かれてきた。こうして、二十世紀の最初の十年間に、旧来の職人 - 発明家とは全く異なる気質をもつ抽象的な性格の科学者が、数々の全く新しい種類の現象を発見してゆき、技術が結局はそれらの現象を考慮に入れねばならなくなった。

ほぼこの頃、電話産業が、それは前述の時代に生まれ、エジソンと十九世紀のアメリカの発明家たちの開発に特有であった機械作りの産物として出発したものであったが、それが当時科学全般で起こりつつあった変化と並行してもっと限られた分野で進んだ一連の変化の道をたどっていった。これらの変化は詳しく説明するに値するほど目覚ましいものであったし、その説明は世紀末に起こった知的風土の変化を科学者でない読者に理解してもらうのに役立つであろう。

一つの産業が、どんな形でにせよ生き残ってゆくのに不可欠なほどの新しい転換の必要にぶつかることは、一世紀にほんの数回しかありはしない。電話産業は、ベルの特許で頂点に達した最初のはなはだ論争の的になった一連の発明から四半世紀もたたないうちに、そのような事態にぶつかった。

最初は、電話そのものの本性があまりにも革命的だったので、その終局的な可能性は問題にならなかった。電気通信工業の初期の一般的な実践は、目覚ましい成功を収めるか全然役に立たないかのどちらかの結果をもたらす装置に取り組むものだった。そして、ひとたび初期の電信が何らかの形で発明されると、間もなく、数百マイルではないにせよ何マイルもの距離の電信が一定の型にはまった仕事になり、科学者よりは技術者の手に引き渡された。

このような一時しのぎのやり方がぶつかった多少とも重要な最初の挫折は、最初の大西洋海底電線の失敗だった。今日我々は、この海底電線はたぶん何年もうまく働いただろうと思っているが、実際には使い始めるとすぐ、それは情報搬送能力を高めようとして高電圧を使うという今日からみれば馬鹿げて見えるやり方のために燃えてしまった。高電圧では絶縁が海底のどこか手に負えない場所で破れることを免れられず、事実そうなった。

この頓挫を別にすれば、初期の電気通信の研究と発明は、最初は機械的な工夫だった多重電信法の発見によってかなりすらすらと進んだ。電話について言えば、それは最初は主として一都市内の商人や専門職業人の便益のための装置と考えられており、都市間で使われる電信と競争するはずのものではなかった。

しかし、二十世紀になると、都市間の電話の利用が当然のことになり、数々の会社が新しい進出の場を探し始めた。数々の会社と言ったのは、当時は同一都市内の隣接地域の間でさえ、異なる会社の間に統一化的な結び付きはあっても、それは物理的なものではなかったからである。事実、それらの会社は、ある一組の発明を共有し、かつある程度までは同一の支援者集団の出資を得ていただけのことであった。一都市内でさえ互いに競争する電話会社がしばしばいくつもあって、それらの会社の通話業務が互いに分離しているのは面倒なことだったが、面倒なだけでは済まないとは見なされなかった。

一九〇〇年頃、電話産業は自己の持ち分を見つめ始め、市内通信ばかりでなく市間通信の問題をも考え始めた。ベルの電話企業体の中に、これらの新しい可能性を開発するためにアメリカ電話電信会社（AT＆T）という新会社が作られた。これらの新しい可能性が何であったかを、技術的な観点から見てみよう。

ベルが発明したそもそも最初の電話は、同時代のアモス・ドルベアその他の発明と同様に、受信端で得られるエネルギーは単に送信端で与えられた音声のエネルギーの一部分にすぎなかった。まさしくこのことのために、ベルの電磁誘導マイクロフォンは実用の道具としてはごく短期間しか使われず、またドルベアの静電誘導マイクロフォンは近代のラジオの時代までは実際に商業的に使われることはなかった。

幸いにも、この若い産業は、そのごく初期の時代に炭素マイクロフォンに出会った。それは非常に違う性質の器具である。炭素マイクロフォンでは、系を通って進み受信端で働くエネルギーは、電池によって系に挿入されたエネルギーである。これらの電池の電流は、音声の振動によって引き起こされた空気の圧力の変動が炭素粒の積層に伝えられることによって生じた電気抵抗の変動によって修飾（変調）される。その結果この系は、音声によって最初に与えられたエネルギーよりずっと多くのエネルギーを出力に与えることができる。要するに、炭素マイクロフォンは強力な増幅器として働く可変抵抗器なのである。当時は増幅ということはほとんど他に知られていない現象であったため、それに対する一般理論はなかったとはいえ、このマイクロフォンが採用されるようになったのは、この増幅作用のためであった。こうして、善良な天使が電話の誕生に恵みを与えてくれたが、この恵みのすばらしい本性は、ずっと後になるまでろくに評価されなかった。

電話の局地的な使用は、最初は出力の少なさに悩まされはしなかったし、実は出力の少なさは電話の長距離使用を制限する決定的要因ではなかった。電話に入力された音声が単にそのエネルギーが弱まるだけの原因である距離で聞こえなくなるよりずっと前に、音声が理解できないちんぷんかんぷんになってしまうのであった。すなわち、減衰ではなく歪みが、都市間電話系が克服せねばならない第一の障碍であった。

多くの国で人々が歪みの工学的および数学的な問題を論じ始めていたが、それが英国ほど活発だった国はなかった。また、必ずしもあらゆる国が米国ほど私企業に熱心だったわけではなかった。一八八〇年代末までに、英国の電話系はロンドン郵便本局に引き渡されていった。その郵便本局の技術部門の長官は、精力的だがあまり賢明ではなかったウィリアム・ヘンリ・プリースという名の人物で、この男は後にナイト爵に叙せられた。

プリースは、電話が明らかにぶつかる長距離通信の困難は、当時使われていた電気回路には容量（静電容量）と呼ばれる性質の量が足りないためだと考えた。容量が大きければ、導体は多量の電荷を取り込んでも電位がわずかしか上昇しない。静電容量という概念と、情報搬送容量という概念は言葉の上では似ており、この語呂合わせは浅薄な思考家には魅力的である。

実際には、静電容量は、通信技術者にとって味方どころか大敵である。事実、大西洋海底電線は、失敗した最初のものも含めて、莫大な容量をもつ巨大なライデン瓶だったので、一方の端で大量の電気を注ぎ込まなければ、それを満たすことができず、従ってその電気を他方の端で吐き出させることはできなかった。このことに無知だったために、最初の大西洋海底電線は崩壊したのである。

このことをイギリスのウィリアム・トムソンは理解した。彼は後にケルヴィン卿になった人で、前章で既に言及した。彼は、この大容量のために海底電線系の受信装置は、電位の上昇が多少とも大きくなる前に起こる電線からの電気の最初の流出を捕らえねばならないことを悟った。彼は、このことを敏感なサイフォン検流計の助けによって行ない、それは一世代以上にわたり海底電線装置の要になった。

トムソンはプリースの無知だが権威をもった主張をあまり快く思っていたはずはないが、プリースの存在をみじめなものにした執拗な批判者は、トムソンではなかった。それは、オリヴァー・ヘビサイドという名の短軀で飢えた、耳が遠くて口の悪い、しがない電気技師であった。ヘビサイドはイギリス電気工学会の会合によく出かけてゆき、「ザ・エレクトリシアン」誌にスウィフト流の文体でいくつかの覚え書を投稿した。ヘビサイドが発した非難は大いに効果を現わしプリースらに大打撃を与えた。

ヘビサイドは貧しい家に生まれ、貧しく暮らし、貧しく死んだ。彼は正直で勇敢で金に目を眩まされない男だった。そのうえ、彼は当時の電気工学者が使えたごく限られた数学を非正統的な技量で駆使することができ、それは数学者たちを丸一世代にわたり悩ますことになった。

ヘビサイドは歪みの問題の根源に取り組んだ。彼はこの問題を考えた唯一の人ではなかったが、この問題を鋭く、しかも常に、この新技術に結びついた工学の言葉で考えた最初の人であった。

彼によれば、回路が無歪であるためには、四つの量の間のある非常に鋭い釣り合いが必要である。その四つとは、電線の比抵抗、地面への洩れ、静電容量、およびインダクタンスと呼ばれる慣性の性質をもつある量である。通常の真直ぐな電線もインダクタンスをもつが、直線の代わりに電磁石を形成する巻き線を使うとインダクタンスは非常に増加する。

ヘビサイドは、通常の通信線は静電容量が（プリースが言ったように）少なすぎるのではなく多すぎるのだと主張し、それを改善する方法は電線に沿ってもっと多くのインダクタンスを導入することだと主張した。プリースはそれをいんぎん無礼に斥けたが、このウシアブかスズメバチのように執拗な男は、どんな威圧をも恐れなかった。郵便本局の技師をしていた兄弟の助けを借りてヘビサイドは、郵便本局の長距離線の一つを時間外にこっそり使って、自説を試験した。この試験では確証は得られなかったが、その試験は、ヘビサイドに自分の考えへの自信を揺がすに足りる条件の下でなされたものではなかった。

これらの考えはまず「ザ・エレクトリシアン」誌に発表された。後にこれらの「エレクトリシアン」誌論文の多くを集めたものが、アップルトンの出版する双書の一冊になったが、アップルトンは同書の出版を後悔した。なぜなら、その本はさっぱり売れず、結局売れ残りになってしまったからであった。一世代後に、それらの原書と少なくとも三種の海賊版が、あらゆる通信工学者の必携書になった。これらの海賊版の一つは中国で印刷された。

ヘビサイドが正しかったこと、そして無歪線は長距離電話への第一歩であったことが、次第に認められてきた。しかし、その時までに既に十年か十五年が過ぎており、特許の申請ができる期限をはるかに超えていた。この発明は公衆に献じられたものになっていた。ということは、それは商業的な発明としては存在しなくなっていて、それについての権利はいかなる方法でも取得することはできなくなっていた、ということである。新しく創立したアメリカ電話電信会社（AT&T）は、この発明を新しい長距離線の基礎にしようとした。しかし、この長距離線のアイディアに対する所有権を取得し、この方向の事業を始めようとする他の企業家がそれを対等に利用することはできないようにする方法はなかった。

ここで注意すべきことに、無歪線のために後に開発された様々な他の方法は、AT&Tの創立者たちにはまだ使えなかった。既に述べたように炭素マイクロフォンは本質的には一種の増幅器である。AT&Tの初期の通信線のいくつかは、事実それを増幅器として使い、電話受信機を炭素マイクロフォンへつなぐ中継所をいくつも設置して、途中で微弱化した通信波に新しいエネルギーを与えるようにしていた。しかし、この方法は、増幅された出力の大きさから見ても、信頼性の点から見ても満足なものではなかった。それは当時可能な最善の方法だったに過ぎず、長距離線の最初の開発から真空管増幅器が強力で信頼性の高い装置として発見されるまでの間の時期の、間に合わせの賢明な便法であった。

真空管増幅器は、発明の歴史上きわめて異常な位置を占めている。それは特許をめぐってリー・デ・フォレストとジョン・フレミング卿が訴訟で争った複雑な事情から出てきたものだが、本来の発見はこの二人のどちらから発したものでもない。それは既に述べたエジソン効果の応用であった。前述のようにエジソンは、電球の内部の熱いフィラメントともう一つの電極との間を電流が流れることができ、フィラメントが冷たい時には電流が流れることはできないということを発見した。

商業的な立場から見れば、この発見は時期が早すぎた。ヘルツの電磁波は発見されたばかりで、それが無線電信に使えることを想像できるような状態にはあまりに遠かった。従ってエジソンの発明は、ヘビサイドの業績と同様に、この技術の外側の発展によってそれが何かの役に立つようになる前に、売れる発明としての期限が切れてしまい、後になって真空管が無線電信に明らかに重要であることが分かった時に起こった法律上の争いを紛糾させるのに役立っただけであった。

ヘビサイドに話を戻すと、長距離通信系を開発しようとしている人にとっては、ヘビサイドの無歪線の発明を包含すると解釈することが妥当と見なせるような何らかの特許所有権を取得することが絶対に必要であった。そういう権利をもたない人は、自分が乗り出した困難で危険の大きい賭けを護るために、その新しいアイディアを自分だけが使えるようにするのに十分な保証を得ることは決してできない。しかも、もし自分のアイディアを使用する法的権利を奪うような根本的な発明を誰か他の人が既にしていたなら——そういうことが実際に起こっていたのだが——、自分が経済的窮境に陥る恐れがある。現実に起こったことは、技術的な観点と道義的な観点とのどちらから見ても興味深いが、本書ではこれらの事実の道義的な解釈の多くは読者に委せる。

当然ながら、この電話会社は全速力でヘビサイドのアイディアの開発を進め、新しい特許権の主張の基礎にできることをヘビサイドが何か見落としてはいないかと探した。この仕事に会社は社内のキャンベルと社外の科学者たちの両方を使った。後者の頭はマイケル・イドヴォルスキー・ピューピンだった。ピューピンの著書『移民から発明家へ』は一時は発明での成功にあこがれるアメリカの少年たちの聖書に近いものになった。

この二人の研究者キャンベルとピューピンの主な目的は、ヘビサイドの研究の中の間違ってはいないにしても不完全な点を何か見つけ出すことであった。ヘビサイドは彼の理論を第一には連続負荷電線に対して作り上げた。しかし彼は通信線での歪みを修正するのに使う新しいインダクタンスは所々に配置せねばならないことは殆ど確かであることを十分知っていた。彼はその間隔は一マイルに一個程度でいいと示唆し、事実それならあまり悪い結果は生じなかった。

彼は、負荷として与えるコイルに対して許容しうる最大の間隔を決定する基礎になる原理を、どこにも表立って述べてはいなかった。キャンベルとピューピンは共にヘビサイドの理論の中にこの明示が欠けている点を追求し、二人とも、もし装荷コイルが電線に沿ってある一定の分布密度をもっていれば、ある一定のレベル以下の周波数に対しては、その電線は本質的には一様に装荷した電線のように振舞うということを見つけた。これに反し、それより高い周波数では、各装荷コイルの位置での次々の反射によって、電気振動がもつれ合って進行しないのである。

たぶんキャンベルの研究はピューピンのものより進んでいたが、キャンベルは既にＡＴ＆Ｔに雇用されていたので、彼による特許は、独立の発明家から買った特許についての裁判で説得力を欠く恐れが明白だった。その結果、AT&Tはピューピンに五十万ドルを与えて彼の様々な特許権を買い取った。それらの特許には、コイルの間隔に関するもののほかに、既にヘビサイドが記述していたドーナツ型コイルを作る技術的な方法に関する種々の権利が含まれていた。

ピューピンとキャンベルはどちらも研究をさらに進めた。彼らが後に開発したものの中では、キャンベルのもののほうが明らかにいっそう徹底的かつ包括的であった。この二人の発明家が互いに独立に考えた微妙な可能性の一つは、集中装荷の長距離線の持つ弱点を種々の目的のための長所に転換させる可能性であった。装荷線の周波数遮断特性が弱点ではなく長所になる場合がある可能性が予見された。その結果、濾波器の理論が開発された。これは、ある周波数領域の信号波だけを通過させ、それ以外の周波数領域の信号波を除去することができる装置である。事実、長年にわたり、これらの濾波器の設計にはその誕生の基になった長距離線の理論の痕跡がはっきり残っていた。濾波器のもっと後の発展は、こういう人工の装荷線の痕跡を一掃してしまった。

これらの特許によってベル電話会社はその諸目的を達成し、その後始末をする仕事だけが残った。ベルの技術者たちはピューピンに対して少なからぬ敵意を感じた。彼らはピューピンがヘビサイドの権利ばかりでなくキャンベルの正当な権利をも奪ったと信じた。しかし、これは部外者から見た限り内輪のスキャンダルで、もみ消すことができるものだったし、事実もみ消された。

残ったのはヘビサイドにどう対処すべきかというもっとずっと根本的な問題であった。一方から見ると、彼は何らかの請求権を提起することができたかもしれず、それは彼自身の個人の手では力が弱かったにせよ、もし誰か強力な対抗者が彼から権利を引き出そうとしたら険悪な事態になっていた可能性がある。他方から見ると（少なくとも私はそう思いたいのだが）、ベル会社の従業員たち自身も結局は技師であったから、ヘビサイドの業績にかなりの正当な敬意を持っていて、彼が全く何も得られないままにして置かれるのを見たくはなかったであろう。会社にとっては取るに足りない金額が、貧乏なヘビサイドにとっては生きるか死ぬか、食えるか飢えるかの問題であることを、彼らは十分に知っていた。ヘビサイドは耳がますます遠くなり、つむじ曲がりの気性がますます昂じて、新しい職を得ることがますます困難になっていった。ベルの人たちは彼の権利の代償にある金額の提供を申し出た。その金額はヘビサイドの立場から見たらかなりの大金であったにちがいない。

ヘビサイドはこの申し出をにべもなく拒絶し、会社が自分を装荷電線の本来の唯一の発明者であると完全に認めるのでない限り、一セントも受け取らないと主張した。会社はそれを認めることはできなかった。なぜなら、それを認めたら、ピューピンに投じた五十万ドル全体が何の役にも立たないことになってしまうからである。

私は、ヘビサイドがどんないい状況の下でさえ扱いやすい人だったと言うつもりはない。耳の不自由な人によくあることだが、彼は強い個人主義者で、しかもヤマアラシのように毛を逆立てて怒る人だった。彼を困窮時に助けようとした人たちは、彼が人の好意をあまり素直に受け取ってはくれないことを知った。私はB・A・ベーレンドと話し合ったことがあるが、この人はかつてイングランド南西岸のトーキーにあるヘビサイドの小さなあばら家を訪れ、アメリカ電気工学会の授与する栄誉を受け取ってくれるように彼を説得した。ヘビサイドはそれを渋った。彼は、それを拒絶したら自分の友人であるベーレンドがひどく傷つくことを悟らされてようやく、その栄誉を受け取ることを承知したのであった。それより前イギリス電気工学会の役員も、それとよく似た経験を味わった。

ヘビサイドは決して愛想がよくはなかったが、立派な人であった。確かに、彼はベル電話会社の将来の基礎になった大発明をした。彼は、自分の功績に対して老後のための十分な蓄えを得ることや自分の発明が正当に認められることによって報いられることはできなかったにせよ、嘘つきに与しようとはしなかった。彼は、彼独自の仕方で、あの電話会社の役員たちの心に、彼らが自分に引き起こすことができないほどの苦悩を引き起こしているのだという無気味な満足を味わった。あらゆる本質的な点で世間を強く拒否して貧乏に甘んじる男は、何ものによっても傷つけられはしない。

会社というものは傷つけられるような感情を持ちはしないし、容易に感情を動かされるような男は会社で高い地位に昇りはしないが、現に傷つけられ、しかも深い傷を負った男がいた。ヘビサイドは、自分は金に目を眩まされはしないという冷笑的な満足を得たが、ピューピンは真に困難な立場に置かれた。彼は五十万ドル受け取ったが、それはたいへん滑稽な意味でしか彼がしたとはいえない発明に対する彼の合法的な所得であった。

この五十万ドルは既に使ってしまい、ピューピンは、たとえそれを返したいと思っても——これは非常に疑わしいと私は思うが——、返すことができたとはとうてい思われない。従って彼は、自分が欲したと否とにかかわらず、彼を富裕にした処置の支持者とならざるをえなかった。しかし、彼のエゴは時がたつにつれてますます自己弁護を要求するようになり、本を書いて、自分自身の役割の誇大化とヘビサイドの役割の卑小化をやり始めた。これは高潔なことではなかったにせよ、しごく人間的なことであった。そのうえ、前述のようにベル電話会社の中では、役員たちは事態の法的支配権を握らせてくれたゲームの駆引きの大成功をどう思っていたにせよ、技術者たちはピューピンにあまり好意を寄せなかった。こうしてピューピンの立場はますます苦しくなっていった。彼はこの奇妙な商業的成功と道義的破産との板挟みに平然として耐えられるほどの大物ではなかった。『移民から発明家へ』は、その行間を読む者にとっては、アメリカ人の典型的な成功物語ではなく、地獄からの叫びである。

要するに、周囲の環境がプロメテウスの物語とマーローのフォースタス博士の物語を結びつけたのである。ヘビサイドは非常に怒りっぽい中産階級下層のプロメテウスであったかもしれないが、少なくとも一片の火を人類のために摑み取った。たとえ貧乏というハゲワシと迫害の責め苦に肝臓を食いちぎられながらであっても、彼はプロメテウスと共に神に似た偉業を達成したという感覚を味わった。これに反しピューピンは、自分の魂を小包みにして商業的取引きに委ねた。魂は誰かに買われたなら、悪魔がその最終消費者になる。ピューピンは公然と懺悔することさえ許されなかった。彼は沈黙を守ることはできなかったが、彼が頼らざるをえなかった嘘と空威張りは、彼の魂がゆきついた虚空で徒らにこだましたにちがいない。

7　発明をめぐる現在の社会的環境——メガドル科学

今世紀の最初の二十年に関する限り、新しい発展途上の非ニュートン物理学は第一次世界大戦前の発明の流れに影響を与える機会をまだ余り持たないままだった。戦争そのものの科学は、もちろん、もっと火急に必要な技術に没頭した。事実、この時期の技術の中の主な新要素の大部分は、十九世紀の第三四半期の科学に由来した。前章で指摘したように、電話は電気回路の数学に新しい要求を課し始めた。それと同時に、マクスウェルの発見した光と電気の定量的な同一性が、これは既にヘルツの電磁波として用途が見つかってはいたが、今度はググリエルモ・マルコーニの無線電信として全面的に利用されるようになった。

真空管は、エジソン効果の直接の子孫だが、やっと大戦中に本領を発揮し始めた。電動機の独特の技術的利用も、特に分数馬力のものは、やっと現われ始めた。もっと精巧な電子技術であるレーダーは、第二次世界大戦の直前まで発明されなかったし、新現象の放射能や、それよりやや古い現象のX線でさえ、まだ多かれ少なかれ原始的な応用段階にあった。第二次大戦中に初めて、それまでの十年間の原子核研究から原子爆弾が開発され、その技術は完全に二十世紀科学に基づく最初の技術になった。

しかし、この時期全体の間に、研究所というものがアメリカばかりでなくヨーロッパでもますます新発明の一般的な発生源になった。事実、産業界の研究所の化学的部面が初めて本領を発揮したのはドイツにおいてだった。そのうえ、研究所がますます使われるようになったばかりでなく、研究所という概念そのものが、小規模の研究室のようなものから研究工場と呼べるようなものへ転化した。

それ自体が工場と呼べるほど大きな研究所の出現には、いくつかの要因が協力的な役割を果たした。オランダのカマリング・オネスの気体の液化についての研究は、前代未聞の大型の設備を必要とした。(ただし、今ではオネスの時代以降の技術の進歩によって、彼の仕事の多くは比較的小規模の装置で再現できる。)アメリカではベル・テレフォン研究所およびウェスティングハウス諸社とジェネラル・エレクトリック社の研究所が、ドイツではジーメンス社の研究所が、敷地と人員数においてだけでなく使用装置の量においても、ずいぶん大きくなった。ピョートル・カピッツァは一九三〇年代に、最初はイギリスで、次には彼の祖国ロシアで半自発的な囚虜として、巨大な装置の突然の短絡放電を使う磁気実験を遂行した。彼は、第二次世界大戦中に米国のマンハッタン計画で原子爆弾の開発に使われた実験の規模に近づいた最初の人の一人である。

この時期までに、真に近代的な科学が少々ながら発明の目的に使われ始めた。ベル・テレフォン研究所では、クリントン・デヴィソンとレスター・ジャーマーが電子の波動性に関するハイゼンベルクの一九二五年の予言を実証した。一九二一年頃には、イギリスのジョン・コックロフトとアーネスト・ウォルトンが原子核分裂への第一歩を踏み出した。それは、キュリー夫妻が発見した制御不可能な原子崩壊を制御可能な過程へ転じる道の第一歩であった。我々が原子爆弾を爆発させることができるようになった頃には既に、未来の世界の発明は新しい科学に、しかも未だ発見されていない科学にさえ大いに依存するだろうという結論が出ていた。

産業家たちは、この変化に気づくや否や、びっくり仰天したにちがいない。一般の人々も、この新しい風土を知ることができた程度に応じて大いに驚いた。もはや発明家は、産業家たちが長らく扱い慣れてきた職人ではなくなった。もはや純粋科学者は、理解し難い概念や記号を操るにせよ、産業家たちが従来思っていたような浮世離れした無害な人間ではなくなった。それどころか純粋科学者は、偉大で時には破壊的でもある力の宝庫になった。もし純粋科学者たちが、彼らだけが理解しているそれらの力をあくまで自分たちで制御しようとしたら、彼らは当然、今まで産業家が自分の自然権だと思っていた公共的な問題を全面的に制御する手綱を握ることになったろう。

二つの世界大戦の間の時期までは、科学は概して金もうけに熱心な野心的な若者に対してかなり貧弱な報酬しかもたらさなかった。確かに例外はあった。神聖ローマ皇帝ルドルフ二世の宮廷［ケプラーはその占星術師だった］の錬金術師たちは、現代のメガドル科学者の原型と見なせるかもしれず、彼らはその金製造計画に使うためますます多くのお金を要求した。カルダーノはチェリーニと共にルネッサンス時代の山師たちの典型の一人であり、ただしチェリーニは芸術的分野で山を賭けたのに対し、カルダーノの投機は科学的分野においてだった。大学者ライプニッツでさえ利益に寸分も抜け目がなかった。
しかし、我々アメリカ人は我が国の出のベンジャミン・トンプソンに至って初めて、現代の大計画時代に出没する科学的投機師の原型がほとんど仕上がっているのに出会うのである。死肉のある所にはハエがぶんぶん飛び回っているのと同様に、金のある所には投機師たちが、いや、もっとあけすけに言えば闇屋たちが群がっている。

ベンジャミン・トンプソンの闇仕事は、最初は彼を、ニューハンプシャー州知事ウェントワースで代表されるアメリカにおけるイギリスの貴族主義政府と連帯させた。後に彼はイギリスへ逃亡して、イギリスの貴族階級からの支援の中に自分の精神的祖国を見いだし、さらに後にはドイツのバイエルン選挙侯に仕えた。彼の時代以来、王侯貴族の相場が下降線をたどり、大企業の相場が上昇してきた。しかし、第一次世界大戦の直前の時期および二つの世界大戦の中間の時期になるまでは、科学者として身を立てる道は、自分の知力によって産を成そうとする紳士たちにとって十分魅力的なものにはならなかった。

結局のところ、禁欲的な生涯を送る人には、誰もその人の財産を食いものにして儲けようという気をあまり起こさないという有利さはある。しかし、今世紀があまり深く進まないうちに、商売と産業と工学技術には行き止まりがないことが明らかになり、それが実験的精神の持ち主たちに多くの誘惑を与えた。産業における科学者の役割はたえず増大してゆき、自分の知力のほかには投資するものを何ももたない紳士たちに対して権力者の仲間へ入る門が開かれ始めた。本書では既に投機師 - 科学者の一例としてマイケル・イドヴォルスキー・ピューピンの場合を示した。

ここで私は、出世や金儲けに熱心な若い科学者たちの心理に関する結論を書かざるをえない。それを私は誰か特定の人の場合に立証することはできないが、私の見解ではそれは、事態を全体として眺める人には非常にはっきり分かることである。

これらの若者たちは、誰もかつては若かったのだが、精神の翼への信頼を欠き、理想と呼ぶに相応しいどんなものの存在にも全面的な疑問を抱いているように思われる。彼らは精神的な翼を全くもたないが、それでもやはり成功せねばならない必要に深く迫られているように思われる。

金儲けに熱心なこれらの若者のなかには、科学そのもののために科学を進めたいという意欲から出発した者もいた。そして彼らのうちには、ある限られた範囲では豊富なアイディアをもった人たちがいた。しかし、それらの人のかなり多くは、赤貧の出ではないにせよ、少なくともこれは自分が甘受せねばならない不幸ではないという決意を起こさせるに十分な貧困さを含む境遇の出の人たちだった。

彼らが差し出せる唯一の投資は自分の頭脳だった。そして彼らは最初から、この投資が必ず豊富な配当を生むように気を配った。

彼らのうち少なからぬ人たちの生涯には、科学そのものへの真の献身へ向かうか、または権力とその化身であるお金を目指すかの、どちらの方向へも転じえたであろう段階があった。しかし、それらの人は、富の神はねたむ神［他の神を愛する者を憎む神］*であることを知った。私の思うに、少なからぬ場合に、次代のベンジャミン・トンプソンたちは、自分自身の能力を冷静に評価し、献身と知性の対象として科学に最高の地位を与えることは自分には向いていないという結論に達したのではないか。そのうえ、少なからぬ場合に、この評価は彼らの幼少期にさかのぼる深い劣等感によって補足されたのではないかと思われる。

＊〔訳者〕Mammon is a jealous god. なお旧約聖書の「出エジプト記」第二十章と「申命記」第六章には、「汝らの神である主(the Lord)は、ねたむ神であるから、汝らは他の民族の神々に従ってはならない」という意味の言葉がある。

とにかく、これらの利発な若者たちは、大研究所の到来を見て、これこそ自分たちの活躍の舞台だと判断した。彼らは、他の科学者たちの腕を恐れるのは当然のことだったし、任務の細分化や十分な情報路による活発な情報交換から締め出されることによって無能化されはしない学者たちの間にいては安心が得られなかった。

私は、このような古風な科学者たちとの対抗が十分意識に上っていただろうとは言わない。抜け目のない若者たちは、自分たちが信じたいことを信じ、エジソン型研究所という新方法が個人の知能に取って代わり、個人の献身をもはや不必要にしたと信じたのである。彼らは個々の人間に取って代わった機構と人々を無名の集団へ解消させた大量攻撃とを率直に賛美した。

産業に結合した科学と大量攻撃の科学の新時代のこのような唱道者たちは、自分たちの目的を達成するため、科学の既成の組織をその目的のために乗っ取らねばならなかった。おそらく彼らは、この乗っ取りを未来の波を促進するものとして正当化した。にもかかわらず、それに使われた方法は、暗黒街のアルフォンソ・カポネの手口と似ていなくはなかった。

科学の組織においては、危急時に政府に技術的助言をするためと業績を表彰するためという二つの目的をもつある種の学会やアカデミーが、威信と権威の重要な座を占めていた。南北戦争後の平和な時代に、これらの組織は、政府の顧問の役割をますます減じてゆき、業績表彰の学会と功成り名遂げた学者および学者兼管理職の既得権益の防壁とへますます転じていった。第一次世界大戦中は、そして第二次世界大戦中はなおさら、これらの組織は政府の顧問役へ復帰することはできず、その目的のため特設された一連の新機関がそれを補った。旧来の名誉授与組織は、科学における名誉と褒賞に関するある興味深い一群の問題を引き起こした。

功成った科学者たちの年齢と威信、およびアカデミー類の持続的発達に伴うそれらの組織の高齢化は、それらの組織から、科学と科学者たちを励ますという自らが宣言した機能をますます奪ってゆくようになった。それらの組織の数は限られていて、合衆国における科学活動の成長に見合うほどの速度では決して増加してゆかなかったので、それらが個人を表彰する時期は、世代を重ねるにつれてますます当人の生涯の中の遅い時期にならざるをえなかった。

さて、生涯の半ば頃にある程度認められるに至らなかった人が晩年に表彰の対象になる見込みは非常に少ない。その結果、これらの組織は既に認められた人たちを表彰する枠にますますはまっていった。言い換えれば、一つのアカデミーの会員へ推されることは、ますます二次的な価値評価になった。従って名誉授与組織は、名誉学位を与える機関と同様に、次第に既得権者の自衛のための装置、表彰のための表彰の装置になり、本来の有益な機能を遂行しなくなった。

わが国［アメリカ］における科学の既得権者のなかには、既に完全な権利を認められた学術機関が数々あり、その列に加えろと門前で叫び立てている新しい産業界の研究所が数々あった。産業界の研究所の研究者たちが現実に過小評価されていたことは、これらの研究所に学界でもっと大きな役割を持たせようとする活動にある程度の正当性を与え、新しい産業界の科学政治屋たちにある程度の希望を与えた。彼らは、それまで科学のなかで低級な階層とされていたものに門戸を開かせようとしたばかりでなく、実は学術機関をそっくり産業体へ転化させようとした。私は、これがどんな方法で遂行されたかに立ち入るつもりはないが、その歩みの結果、産業界の研究所に適した種類の巨大で金のかかる高度に組織化された科学が無条件的に賛美され、個性的な思考家が犠牲にされるに至った。

この時期は、オートメーションの種々のアイディアが現実に、かつ正当化されて成長した時期であった。ここでいうオートメーションとは、人間のある種の機能を機械に引き受けさせることと、それらの機能をある種の機械的に組織された大きな事業体へ引き渡すことの両方を指し、それらの事業体の中では生身の人間の労働が、機械の発達の後を追って使われたり、機械を模倣する仕方で使われてきたのである。

この新しい段階は、ある種の正当と見なせる要素を含んではいたが、それを遂行した人たちは概して、機械的な思考様式に対して独特の知的および精神的な好みをもつ人々であった。彼らが望んだのは、私は彼らがそれを常に無意識的に望んだとは思わないのだが、新しい機械、大きな組織が個性的な深い思考の必要をなくし、フリーランスの科学者や既成体制下の高い地位や権威をろくに求めない人物からの不断の脅威をなくすことであった。これを達成するために、彼らは人を煙に巻くような話をたっぷり使った。それをここで分析することが必要と思う。

現代科学の大問題の一つは、出版物の大量化そのものである。既存の出版物の目録を指で爪ぐるだけでも大変な量になり、単にその多さのゆえに圧倒的になった。その結果、マイクロフィルム法によって蔵書を圧縮するだけでなく、文献の検索と目録作成のための機械的方法が開発された。

そのための器具は価値はあるが、その価値には厳しい限界がある。種々の分野のアイディアの間には、それらの分野の二つ以上で研究した人でなければ分からない結びつきがあり、それらは、型通りの作業をする図書館の目録作成員や、まして目録作成機械には見逃されてしまう。本書では既に、伝染病の研究と可燃性ガスの研究が互いに重なる領域のことを述べた。このように、一つの分野のいくつかの論文がもう一つの分野の研究に当てはまることがある。ひとたびこの関連が発見されると、それは目録作成員のハンドブックや目録作成機械のテープに加えることができるが、そのような関係が両方の分野で独自の研究を多少ともしたことのない人の頭に浮かぶ道は私には全く考えられない。

そのような人も確かに目録作成機械の適切な使用によって大いに助けられるであろう。しかし私は、まじめな根拠から考えてだが、目録作成機械を広く宣伝している人たちの多くは、目録作成機械が異分野間のつながりを求める個人の働きを単に補足するだけでなく、個人の働きに取って代わるという期待を心の奥に潜めていると思う。私の信じるところでは、目録作成の機械的道具の宣伝者たちは、大衆の心にこの不当な推測を植え付けようと、かなり多くの、しかも全く無効ではない努力をしているのである。

翻訳機械、および特に口で話したことを文書に翻訳する機械と、文書を話し言葉に翻訳する機械は、考えることができ、それを製作する一般的方法も分かっている。それらの機械は今まで、目録作成機械に興味をもってきた人たちとほぼ同じグループによって宣伝されてきた。そういう機械には多くの困難がある。事実、それらの機械の製作には、我々が翻訳の非機械的な問題でぶつかるあらゆる困難が伴う。英語を使う人がドイツ語からある諺を翻訳して「The ghost wants to, but the meat is rare」〔幽霊はやりたがるが、肉は生焼けだ〕と言ったという有名な話がある。この英文は、ドイツ語の「Der Geist will es, aber der Fleish ist schwach」の文字どおりの翻訳としては十分可能だが、この諺は英語ではもちろん「The spirit is willing, but the flesh is weak」〔霊（心）ははやれど、肉体は弱し（マタイ伝二六章四一行）〕である。どうしたら機械がこのような愚かな間違いを決してしないようにすることができるだろうか。

機械に要領を教え込んで、この間違いだけでなく、同程度の愚かさと尤もらしさをもつどんな間違いも決してしないようにするためには、その製作にほとんど無限の労力と微妙な技巧を注ぎ込まねばなるまい。その機械は、精密さを要する科学の翻訳者に使えるものとされているから、翻訳者はしょっちゅうへまをして挫けてしまいそうである。へまが上述のようなばかげたものである限り、たいして問題にならないが、考えられる二つの翻訳がどちらも意味が通じ、どちらもざっとした点検を通過できるが意味が違うという両天秤の場合がある。このことは翻訳機械の有効さと使える分野とにどんな影響を与えるだろうか。

答えはこうなる。そういう機械は、練達した翻訳家兼言語学者の手に掛かれば、その人がある程度知っているが完全に熟達してはいない言語の翻訳に注がねばならない努力を大いに減らすことができよう。その人が上記の種類の困難にぶつかった場合には、当人の頭に警戒信号が閃き、次いで翻訳機械に助けられもせず邪魔されもしない通常の翻訳作業をしようとする構えができるにちがいない。もしその人が真に第一級の言語学者で広い範囲の言語をよく知っているなら、自分がごくわずかしか知らない言語の場合でさえ、何が間違っているらしいかを推測できるかもしれない。そういう人にとっては、翻訳機械は自分の活動をスピードアップし働きを何倍にも高めてくれるであろう。

しかし、言語学的教育を欠いた人の手に掛かると、この機械は無用より有害になることがある——明らかな危険がある。外交文書の一つの文言の愚かな翻訳が容易に戦争を引き起こすこともあろう。

熟練した翻訳家が使う場合、その人の働きをスピードアップする機械は、当人にスピードアップされる能力がまだ残っている限りでのみ役に立つ。当人が既に知能を最大限に使って翻訳をしているなら、機械は全く無用である。高速の翻訳機械に釣り合わすためには、機械を助け舟にせねばならない翻訳者を使うのではなく、異常に高い能力をもつ翻訳者を使わねばならない。従って、知的作業におけるこの種の機械の効果は、必要な第一級の頭脳の数を減らし、それらの頭脳に課する要求を大いに増やすことであろう。

目録作成機械および翻訳機械に当てはまることは、（適当な言い換えをすれば）計算機械にも当てはまる。計算者は、計算機械のスピードアップに対応できるためには、その機械以下ではなく機械以上の数学を持たねばならない。第一級の道具は第一級の人間の手に握られる時にのみ、高価な努力の浪費を避けることができる。もし、そういう浪費を避けることに無関心なら、我々は努力の犯罪的な浪費とでも言うべきものを許すことになる。

私は、同時に五十種以上の情報を記録する能力をもつ記録装置の建設に政府に数十万ドルを要求する計画を知らされたことがある。五十種の列のデータを、最終結果で省くよりはるかに多い情報を捨てないような仕方で組み合わせるのは困難な技術である。それには高度の数学的技巧が必要である。

このような機械のためにこのような予算を、大学の学部上級の数学の学力さえもたない人が要求した場合は、その人は馬鹿でないなら、政府の金を浪費することに犯罪的なほど無関心な人である。私の考えでは、政府にそんな予算を要求した者は、子供っぽい愚かさと無知という理由で罪を免除されない限り、合衆国の金の詐取を企てたかどで有罪であり、罰せられない場合は、まともな科学者がみんなで仲間外れにすべきである。

ともあれ、人間の頭脳を機械で置き換えたがる今日の願望には鋭い限界がある。個人に課される任務が狭くて明確に分かっている仕事については、それを純粋に機械的な装置によってか、または人間の頭脳がそういう装置の歯車であるかのように組み合わされる組織によって、かなり適切に置き換えることが、あまり困難ではない。

しかし、人間の頭脳が真に新しい考えを生み出すのに使われる場合は、それは毎回一つの新しい現象である。真に重要な新しいアイディアが、低級な人間活動の多数参加と、既存の数々のアイディアを、その選択を第一級の頭脳が指導することなしに、偶然的に組み合わすことによって得られると期待することは、サルとタイプライターの愚のもうひとつの形態である。この愚は既にスウィフトの『ラピュータ島への航海』に、もう少し単純な形で出てくる。

多数のサルが十分長期間にわたってタイプライターのキーをでたらめに打ち続けたら、やがては我々の図書館にあるすべての書物を打ちあげる、ということは認めるとしよう。困難は次の二点にある。第一に、それにかかる時間は宇宙が存続すると考えられる時間全体より遥かに長いだろう。第二に、サルたちが、例えばシェークスピアと聖書を打ちあげた時には、それよりはるかに多い莫大なたわごとも打ち出されており、我々はその中からシェークスピアと聖書を選び出さねばならない。

この大量の意味と無意味は、無意味なものが圧倒的大部分を占め、彫刻の材料の大理石の塊が彫刻家の作品を含んでいると言うのと同じ意味でのみシェークスピアと聖書を含んでいるのである。別の言葉で言えば、そのサルとは、現代の大研究所で働く科学者たちの多くを言い換えたものにほかならないが、その生産物は、絶大な知能をもつ人の手に渡されない限り何の価値もないが、そのような人にとっては、そのサルたちの莫大な作品は何の助けにもならない。優れた知能の持ち主は、限りないサルのいたずらなど放って置いて、自分の頭脳を眼前の問題に直接に使うほうが、はるかに有効なはずである。

8　発明をめぐる現在の社会的環境――メガドル科学、第二部

本書で既に述べたことから分かるように、私は、個人主義的研究から制御された産業科学へという現在の動向のリーダーたちは、しばしば人間への不信と同然の個人への不信に支配されているか、または少なくともひどく影響されている、と考えている。この反人間的な動向の詳細と個々の現われとをもっと述べてから後に、それが今までに何を達成し、どんな危険を含んでいるかについて詳しく述べよう。

現代の大研究所は、会社の機関であれ政府の機関であれ、米国に作られたものであれソ連に作られたものであれ、想定上の（またはさらに実際の）目的が利潤を稼ぐことであれ官僚の要求を満たすことであれ、概してある特定の任務の達成に専念する。この任務はある種の計画委員会で策定され、いくつかのそれぞれ一定の専門家の枠に収まる下位任務へ分割される。これらの専門家は主としてある限られた分野における能力のために雇われるのであり、その分野から逸脱することも、自分の好奇心を満たすことさえも奨励されない。その理由の一部は、彼らが時間を浪費するのを防ぐことにある。大きな計画事

業では、時間はとかく相当な額の金と同然のものであり、組織のごくわずかな欠陥でさえ個々の研究者の時間を浪費するだけでなく、組織全体に混乱をもたらすことがある。

そのうえ、そのような組織が内外に保つ機密はたいてい恐怖の種になっている。政府の場合は、この恐怖は第一には裏切りの恐怖と、潜在的または実際の敵にこちらに対抗できる手段を与えることの恐怖である。民間企業の場合は、競争相手が敵であり、この敵は政府事業に対し外国政府が占める地位とよく似た地位を占める。

この対外的な恐怖のほかに、さらにいっそう身近な対内的な恐怖がある。会社相互間に行き渡っている生存競争の倫理は、どの会社の内部の役員と従業員との間にも行き渡っている。高級幹部が自分の仕事の性質により非常に高い知的声価をもつ部下を使わねばならない場合には、この恐怖が高まる。それをやわらげるために望めることは、必要な仕事をするに足りる最低限の知的力量の部下を使えるようにすること、辛うじて許容できる資格をもつ弱力な従業員を集めて、彼らを助ける非人間的で競争心のない機械的手段を最大限に与えることと、自分の後輩たちに、彼らが会社の仕事全体の姿をつかんで自分の潜在的対抗者として抬頭してくるのを可能にするような情報を与えないことによって、彼らの成長を抑えることだけしかない。

このようにして仕事を細分化する方法は、深くシニカルな態度を含むとはいえ、それが効果をあげる場合は確かにある。戦争の下や、一個の巨大計画を出発させるためのアイディアの大部分が既に揃っている場合や、克服すべき主な困難が主として規模の大きさと工学的開発にある場合には、この種の方法が明らかに必要である。しかし、巨大計画は、その適用の分野が限られていると、私は思う。鉄の機械と肉体の機械の唱道者たちがどう感じていようと、それは将来のあらゆる研究と発明の基本方式としてはうまくない。

第一に、それは発明の仕事が、前もって指定できる形を取ることを、しかもたいていの場合、特定のあらかじめ指定された一つの問題または問題群の解決という形を取ることを前提している。その場合の通常の方法は、そういう問題を様々な関連分野の科学者たちのチームに割り当て、そのチームにその問題を解く任務を与えることである。本書で既に述べたことから見て、これは発明の仕事の一つの重要な部分を、発明の仕事全体と見なしたことになる。

チームの任務をあらかじめ指定して、それを達成するに必要な種々の才能を十分明らかにすることができる段階では、仕事は既にかなり進んでいる。それより前の段階の科学的発見は、解くべき特定の課題がまだ決定されていないレベルでなされる。従って、それらの段階は、大きな産業的事業には向かないし、あらゆるそのような事業で大変重要で支配的な要素になった費用計算の対象にもならない。

このことは、大きな産業研究所は初期の探索的な仕事に適した場ではないことと、その仕事の多くは個人科学者または大学研究所に任せたほうがいいことを意味する。たとえ後者が社会に対する自己の終局的義務を非常に真剣に考えるとしても、この義務は、それらの個人や大学研究所は自己の義務の遂行に既にどれほど成功したかを日々説明する必要に拘束されるものではない。

発明の過程には、科学のあらゆる前線での全般的な進歩と、アイディアが集積されて実際に成果を生む直前まで到達することのほかに、ある非常に特殊な道があり、それは大きな研究所で確かに追求することができ、ある程度は既に追求されているのだが、高度に指定された目的の達成を追求する方法と比べると、大研究所の通常のやり方からはいっそう遠い方法である。

それは、発明の逆過程と呼べるものである。我々は多くの段階で、明らかに我々の力を何らかの方向にかなり増大させるにちがいない新しい製作可能な道具や新しい知的道具を獲得する。問題は、それはどんな方向へか、という点である。これらの新しい道具を使って何を達成できるかを見つけることは、特定の新しい装置や方法を可能にする道具を探すことと同様に、確かに発明または発見の仕事である。

新しい道具が過小評価されるか少なくとも誤った評価を受けることは、例外的ではなく通常のことである。電動機の初期の時代には、その主な用途と見られたものは、中央発電所から工場へ動力を伝達することで、当時までの工場は一個の蒸気機関か水力タービンで自家用の動力を発生させていた。電動機はその一個の原動機の一種の代用物と見なされた。蒸気機関または水車が廃止された時に自然に起こったことは、既にベルトや滑車に投資されていたものをそのまま使って、全く既存の型の工場設備を一個の大型電動機へつなぐことだった。唯一の変化は、使用動力を、従来の石炭か水利権の代わりに電気として電力会社から買ったことであった。

技術者と産業家が、電力のこの使い方は電動機自体に固有のものではなく、これらの工場が置かれた経済的および技術的な段階に属するものであることに気づくのには、かなりの時間がかかった。当時の工場は、水車大工の滑車とベルトとシャフトと、それらによって動かされる作りになっていた作業機械とに、大きな投資をしていた。

こういう条件の下では、工場内の個々の機械はそれぞれ分数馬力の出力で足りる専用の電動機で動かしたほうが有利だということの発見は、ひとつの真の発明であった。この発明によって答えられた問いは、既存のしかじかの工場はどうしたら最も能率的に動かせるかという問いではなく、電動機そのものの真の意味と適切な機能は何かという問いであった。産業の最初の電化と電動機の本領発揮との間のギャップは、少なくとも四十年か五十年だった。この発明は、電動機の最初の発明後いつ生まれても不思議ではなかった。電動機の発明にはどんな意味が潜んでいるのかを探りたいと思うほどの好奇心をもつ技術者なら、いつでもできたろう。この意味深い発明は、私の思うに、だれか一人の人物に帰着できそうもなく、多数の互いに独立の場所で電動機の適切な機能が気づかれたことによって生まれたのであろう。

この実例が示すように、逆発明の社会的および経済的な重要さは、直接の発明のそれに匹敵するであろう。小型電動機の固有の機能の発見の社会的帰結は莫大であることが証明された。まず第一に、水車大工と呼ばれた一つの包括的技術、すなわち当時の工場の機械類の据え付けと調整の全体が時代遅れになった。それまでずっと、滑車とベルトで連動する多数のシャフトの長い列を組みあげ、それらに適当に潤滑油を与えることができるようにし、それらの機械を整列させる位置合わせの困難を自在継ぎ手と並列継ぎ手によって緩和することは、簡単な問題ではなかった。

ひとたび水車大工の小屋工場のシャフトとベルトの系列の据え付け調整が仕上がると、使用する機械の配置替えは容易な仕事ではなかった。工場はプロクルステスの寝台に無理に寝かされて何から何まで既定の型にはめ込まれていた。そこは危険な場所であり、ベルトや滑車が生身の労働者を引っかけ巻き込んで殺してしまうことができた。そこは汚い場所で、手の届かない天井近くの油入れから至る所へ油が飛び散っていた。そこは大きな洞窟で、暖房も照明も困難であり、裸電球のまぶしい光が、照明された箇所とほとんど同じぐらい多くの箇所を見えなくさせていた。要するに、そこは産業革命の地獄の中でも一段とむごい場所の一つだった。

分数馬力電動機が登場して各作業機械に組み込まれるようになると、こういうことの必要性は直ちに消え失せた。ベルトは、短くすることや、さらには適当に設計されたカバーをかぶせた安全な歯車の列で置き換えることが可能になった。床に置く機械の配置にはもはや位置あわせの問題は全くなくなった。

機械は、少なくとも油の飛び散りに関しては、きれいにすることが可能になり、それらの照明は事務所の机の照明以上に困難ではなくなった。照明は労働者の視覚上の必要に合わせることが可能になり、また水銀蒸気灯および後には蛍光灯が本領を発揮するようになるにつれて、それらを最も好都合な場所に据えて使えるようになった。工場の空間自体も、もはや以前のように壁にシャフトやベルトを通すための孔がいくつもあいていて風が吹き込んでくる洞窟ではなくなり、容易に暖房も換気もできる閉じた空間になった。これらは全て、そういう工場を作る方法は何かという問いに対する答えとしてではなく、結局は、分数馬力電動機が使える立場から見て工場建設の合理的な方法は何かという問いに対する答えとして生まれたのである。

分数馬力電動機がもたらした社会的・経済的帰結は、以上のことを遥かに超えている。どんな田舎の自動車修理所も、動力機を組み込んだ作業機械を買うことができる。木工や家具作りをするどんなアマチュアも自宅の屋根裏部屋に作業場を設けることができる。電動機は十分小さくなったので、樹木を伐採する鋸のような半携帯式の道具にも、ハンドソーやハンドドリルのような完全に携帯用の道具にさえも取り付けることができる。実は、もともと我々に工場という形の設備の採用を強いた理由そのものが、もはや適切ではなくなり、我々は今やある程度は家内工業への回帰点に来ている。

もし仮に電動機の発明と利用がもう五十年ないし百年早く起こっていたなら、固有の長所と短所を兼ね備えた家内工業式の製造工業がこのように完全に死に絶えてしまったかどうか疑問である。今やそれは、ある限られた分野で生き返るかもしれない。

おそらく、今日やっと高度工業化段階に達しつつある国々は、村落から工業都市への人口移動を、イギリスとアメリカがそれぞれの時代に経験したよりはずっと少ししか味わわないかもしれず、その結果近代的工業化のむごい衝撃の一部の段階が緩和される可能性は十分ある。

分数馬力電動機の導入は、逆発明であるにせよ、確かに企業家の側から自然に生まれるような、従って後から見れば上からの発明のための集団組織に適したアイディアである。しかし、こういうことが、近代的エレクトロニクスの多くを構成する数々の逆発明系列の場合に起こりえたと考えることは困難である。真空管が最初に実際に現われた時は無線の発信と受信のための装置としてだったが、それが結局は計算機と自動制御産業へ行き着くと予想することは、外部からなしえたような単純な推測ではなく、この装置の本性に対して科学的および工学的な洞察を繰り返さねばできないことだった。ひとたびこの洞察が得られると、それが生み出した様々な細目の問題は、大量攻撃の対象になり、そういう攻撃が今も続いている。しかし、真空管がこれらの機能を果たすかもしれないと考えた最初のアイディアは、きっちり編まれて高度に組織された型の集団研究ではあまり奨励されない種類の意欲的な空想の結果だった。というのは、未来への波はついに岩に達して砕けてこういう技術革新を生んだが、その種の工学研究所は、そんな波に乗りはしなかったからである。

真空管は、その最初の使用者たちが気づいたより遥かに大きな深さをもつ発明である。前述のように、その最初の機能は無線機の発信と受信を助けることだった。最近二十年になって初めて、増幅の目的への真空管の使用が、それまで常に不可分に結びついていた二つの工学的な問題を互いに離婚させ、両者が新しいもっと深い基礎に基づいて再婚することを可能にした。

この二つの問題とは、エネルギーの伝送と、信号や情報の伝送の問題である。真空管の助けがあれば、任意の弱い信号でも、その背景の雑音（すなわち、扱う情報をになっていない信号）からはっきり区別される限り、任意の必要な出力レベルで働く装置の働きを制御するのに使うことができる。

例えば、古典的な顕微鏡は観察対象を照らした光のほんの一部しか眼に送らないが、新しい飛点テレビジョン顕微鏡［今日いう走査顕微鏡］は、像の照明をいくらでも必要な強さまで高めることができる。産業の自動化の基になるフィードバックという方法が使えるのは、機械がした行動の不十分さによって生じた極めて弱い信号を、その行動を補正するのに役立つ過程を起動させる強さまで高めることができるからである。

有効な信号と有効な出力とを分けて考えることの意味が知られている今日なら、こんなことは明白でほとんど分かりきったことだが、このことは実は全て真空管そのものの性質に暗に含まれているという知見に至る歩みは、決して分かりきった一歩ではなかった。コロンブスの卵を一端で立てることは、コロンブスがその方法を示した後では容易である。これに必要なのは一個の頭脳であり、一千個の硬直した半頭脳ではない。

個々の科学者の機能をあらかじめ指定して高度に組織された研究のもつ大きな難点は、その研究組織が一個のかさばった鈍重な機械であって、アイディアの世界における必要の移り変わりに応じて容易に方向を転じることができないことにある。何百万ドルもの費用を要する一つの目的を与えられた大組織——メガドル科学——は、容易に向きを変えられないし、大計画の管理者たちが新しいアイディアの最も多産な産み手であることは滅多にない。従ってメガドル科学が新しいアイディアの良い産婆や保母であることは滅多にない。

新しいアイディアは個々の科学者の知性の中で生まれるし、特に生まれやすいのは、よく訓練された知性の持ち主がたくさんいる場所、そして何よりも知性が高く評価される場所である。貧困に打ちのめされたクーリー（苦力）の集団からは多くの発明は生まれまい。他方また、インテリへの軽蔑が広がっている所では、多くの知性の卵は孵化しないか、産卵さえしまい。我が国のマッカーシーたちやマッカランたちがいつまでも知識人たちを脅し続けるなら、こんなに脅かされるのに違いないのにわざわざ危険を冒す値打ちがあるのかと多くの人が思うようになろう。確かに、最も優秀で最も献身的な科学者たちはおそらく、自分たちの心に強固に根ざした関心と好奇心によって動かされ、彼らをその自然な努力の方向から引き離すことは困難だろうが、たとえそうだとしても、反知的な政策の全般的な統計的効果は、知性とアイディアの希少化をますます促進することであろう。

しかし、個々の個人の頭の中にアイディアが生まれるだけでは十分でなく、それらの頭脳の間のコミュニケーションの手段がなければならない。これに対し、一方では学術雑誌と、過去にはアカデミーの類が、似た考えの人々が集まって自分たちのアイディアを交雑によって増殖させることを可能にした。これに反し、機密政策や、さらにはそれとほとんど同然のことだが知的活動を小さく細分する政策は、革新の生まれそうな機会を閉ざすものである。いったい人類は、レオナルド・ダ・ヴィンチのノートブックが秘密文字で書かれたことと、彼のアイディアの大半が再発見されてしまった時代よりかなり後まで何世紀も彼のノートブックが見つからなかったことによって、どれほど多くのものを失ったであろうか。

たとえ発明についていくらかの機密を保持することができるとしても、正確にどの程度の機密を保持しうるかという問題は、答えが極めて困難な問題である。しかし、それは今日極めて時宜にかなった問題である。原子爆弾を例として取ろう。ここでは私は一般科学者大衆の一員として論じているのであり、原子爆弾に関して特殊の情報に接する立場にはなく、それに接したいとも決して思ってはいない。原子爆弾に至るまでのアイディアの初期の歴史は、一方では今世紀の初めのキュリー夫妻の仕事と、それ以前のベクレルの仕事にまでさかのぼる。他方ではアインシュタインが物理量の次元に関する高度に抽象的な考察に基づき物質の質量をエネルギーと同一視した理論までさかのぼる。

この世紀がかなり進んだ時期までに、次の事柄が分かった。すなわち、ラジウムおよび類似の金属は、ある一系列の一つの元素からもう一つの元素へという次々の変換を純粋に偶然に起こるようにみえる仕方で起こすこと。この系列の変換においては、少なくとも三つの型の放射線が放出されること。物質とエネルギーは本質的に同じ本性の量だが、両者の間の変換の換算率が極めて大きいので、もし物質がそれ自体を全部そっくりエネルギーへ変換させられれば、机一個の重さの物質が一隻の汽船に大西洋を横断させるのに十分なエネルギーになること。

これらの考えが既に認められていたので、一種類の物質から他の一種類の物質への変換、および物質からエネルギーへの変換に関する研究をさらに前進させる基礎はできていた。科学者たちが長期間にわたり単に偶然的で制御できない変換だけで満足していると期待することはできなかった。科学界では次第に、諸元素の原子は二つの部分からなり、かなり軽い外側部分は回転している電子の雲からなり、中心にある核は遥かに大きい質量をもち、従って遥かに多くのエネルギーをもつことが明らかになってきた。さらに、既知の放射能現象は周囲の電子ではなく中心の核に関する現象であることが明らかになった。周囲の電子について言えば、それらは原子の通常の化学的な性質の座だが、同じ電子雲をもつ核は必ずしも全く同じではないかもしれなかった。

事実、当時元素として知られていたものの原子量（原子の重さ）は［同じ元素でも］絶対的に一定ではなく、しかもそれぞれの種類の元素は、化学的性質は全く同等の何種類かの同位元素からなり、それらは核の構造が異なるため原子量が異なる、ということが明らかになった。この同位元素の存在という現象が発見された時、種々の同位元素は化学的には同等だが放射性という性質は大幅に異なる場合があることも明らかになった。

原子爆弾の最も直接のもとになった最初の実験は、元素の人工変換に関するもので、それは科学者がもはや偶然起こる変換を待っていることに満足せず、変換を起こさせようとした実験である。そういうことを試みるためには、当時も今も、核に非常に高いエネルギーを与えるか、非常に高い温度にさらさねばならない。

最初に成功した元素の人工変換は、一九二一年にイギリスのケンブリッジ大学のキャベンディッシュ研究所でコックロフトとウォルトンによって行なわれた。それはかなり大規模な実験だったが、今日の物理学者たちがたいへん満足そうに話している百万ドル実験のように巨大なものではなかった。私はその装置を見た時のことを覚えている。非常に大きな真空管の中で実験が行なわれたが、それはガラス吹きがつくった見事な作品とは似ても似つかぬものだった。高さが一フィートか二フィートを超えないいくつものガラスの円筒からなっていた。それらの円筒が積み重ねられて、次々の二つの間に大きい窓ガラスぐ[illegible]いの大きさのガラス板が挿し込まれ、その板に円形の穴が、私の想像では普通のガラス切りを使って開け[illegible]れていた。これらの様々な部品が組み合わされ、腕利きのガラス吹きのトーチランプを使ってではなく、[illegible]カウチンスキーのセメントという蒸気圧が著しく低いある重々しい黒い封蠟を使って気密に接着されていた。その装置のもっと内部の本質的な部分の費用がどれほどかは私には判断できなかったが、アメリカの一つの小さなカレッジの財源に重圧を加えるほどの額にさえ達したとは思われなかった。

この研究には機密は何もなく、機密にせねばならない明白な理由も全くなかった。しかし、制御核変換のエネルギーの問題をやがて考えねばならないことは既に明らかになっていた。特に、質量とエネルギーの間の関係についてのアインシュタインの研究により、よかれあしかれ新しい強力なエネルギー源の入り口の時代が来ていたから、なおさらのことである。第二次世界大戦の直前にリーゼ・マイトナーの研究が、これらの新しい可能性を利用できそうな道をはっきり示唆した時、既に口火は切られ、それ以上に基礎的な原子の機密はもはや不可能になった。まだ期待できる機密はせいぜい、資源の特異な利用に関する軍の限られた旧式の機密と、製造の詳細についての比較的短命な性質の機密だけだった。

戦争または競争企業で実際に重要な限られた機密に関するどんな政策においても必要な主な点の一つは、それが一定の明確な目的をもっていなければならないことである。もう一つは、それとおおかた相互関連した点だが、そのような政策は実際に効果的に遂行できるものでなければならず、またあらかじめ実行不可能と予想されることをしようとすることに努力を浪費してはならないことである。

第一の点について言えば、機密と情報に関するどんな政策も、相手との対抗で味方に何らかの種類の有利さを確保することを目的にせねばならない。この点では、機密が相手側にどんな影響を与えるかだけでなく、こちら側にどんな影響を与えるかをも考慮することが重要である。情報の自由な流れを遮ることは必ず、早かれ遅かれ、こちら側自身に情報の問題に関して不利な影響をもたらすに違いない。このことは、発明や創造的な仕事が行なわれる時期には、どんな情報路によれば発明や発見や我々の意志の新しい使用に情報が役に立つようになるかを予め知ることができないがゆえに、ことさらそうである。

情報を伝えることと機密にすることは、大きな危機の時期には疑いなく必要であり、そういう時期には、既にもっている情報を有効に使うことが、十年先までの間に役立つかもしれない新しい情報を得ることよりも重要である。このことに基づき、基礎的な創造的努力を、もっとすぐ役立つがあまり創造的でない路線である高度に組織された研究へ振り向ける措置を弁護することもできる。しかし、こういう措置は、時間的に狭く限られた危機のためのものであり、長く続く危機に相応しいものではない。そういう措置は、マラソン競走にではなく短距離競走に相応しいものである。

短距離走では、ランナーは吸入する酸素と体内で使われる酸素の間の物理的均衡を保たねばならないとは予想されない。与えられた時間内にランナーは体内の予備を使い尽くすはずはなく、従って全力をあげて走ることができる。長距離走の場合は、そうでない。ランナーは、栄養と水分についてばかりか酸素についてさえ真の平衡を保ちはしないとはいえ、呼吸をレース全体にわたり絶えず効果的であるように保つ方法へ近づけねばならない。体内の予備は数百ヤードでおおかた尽きてしまうだろう。

おそらく過去の閉じた戦争の短期の危機は、基礎研究活動のモラトリアム（一時停止）と、過去の研究成果を新しい技術的改良に役立てる能力の急速な活発化に基づいて乗り切ることができた。このモラトリアムは、何十年や何百年も続く闘争では、可能でもなく、有利でなくなるのは確実である。我々は、すぐ役立つ活動に全力をあげるために使う方法が、長い目で見て、我々が年々依存してゆかねばならぬ創造的資源を枯渇させないように、非常に注意深く監視してゆくことが必要である。事実、人間の立場から言えば、もし我々が我が国の情報の流れを少しの洩れもないように組織してしまったら、おそらくその流れがあまりにも狭くなって、我が国自身の技術の健全な内部成長が妨げられ、我が国の行動を長い前途のために考え直したほうがいい、ということになろう。

機密と情報の流れの内的保全とのバランスの問題は、これだけにする。このバランスの詳細を論じることは困難である。なぜなら、有効な議論ができるために必要な資料そのものが、機密政策によって封鎖されたり、ぼやかされているからである。

可能な敵が有利な立場を得るのを防ぐための機密の望ましさについてではなく、この機密の一般的可能性と、そういう機密をほぼ完璧に保持することを望む場合に、それをどの程度まで達成することが可能かについて、少々詳しく論じよう。既に述べたように、一つの発明が、その直接の利用を急ぐことが商業的に有利であるような段階に達した時には、その発明の基礎的な土台は既に非常に広く知られている。

産業的利用についての上述のことは、軍事的利用にも等しく当てはまる。我々のした発明の漏洩が我々自身の側から起こることとは全く別に、我々のもつ道具や方法が実際の敵または可能な敵によってかなり高い率で再発見されることも予想しなければならない。

もちろん、この並行した成長は、極めて重要ではあるが、例えばロシア人による原子技術の完全な開発は、それだけでは十分説明できない。我々はいくつかのスパイ行為を詳しく知らされており、それらはロシア人が独力でなら我々に追いつくのにかかったであろう時間を大いに短縮させた。とはいえ、普通の人が見る限り、しかもペンタゴンから見てもそうではないかと私は思うのだが、我々が自分たちの発明によって得たとされているスタートでの我々の優位は、値引きして考えねばならない。

我々が発明したことの多くは、世界中のどこでも発明の機が十分熟していた。おそらく、もし我々が自分たちの機密を完全に保持していたなら、我々は五年のリードを十年のリードへ延ばせたであろうし、ひょっとすれば、これは私には大変疑わしいことだが、二十年のリードへ延ばせたかもしれない。しかし、我々がそれを五十年のリードへ延ばすことはできなかっただろうことは、この上なく確実である。

さて、少なくとも幾分かは、ロシア人は我々の機密を入手したおかげで、我々のリードを五年をあまり超えない期間に縮めた。我々は、一般の人々の利益のためと言って、原爆の機密が盗まれたことを問題にする。そこで考えるべき重要なことに、「盗み（theft 窃盗）」という言葉は道徳的な問題を提起するが、それは一方側の立場からの、しかも我々の利害に先験的に拘束されていない他の人々は誰一人同意してくれると期待できない立場からの道徳的主張である。

もしロシアが原子兵器において我々より先にスタートしていたとしたら、我々はあらゆる努力を注いで我々自身のフックスたちやローゼンバーグたちを彼らの研究所へ潜り込ませているべきだったろうし、もし我々の役人たちがそうしていなかったなら、我々は彼らをひどく怠慢だと見なすべきだったろう。国際問題があらゆる側にとって対立ではなく協力の問題になるまでは——今日は、それが大変望ましいのに、それには遥かに遠いのだが——、それまではどの国民も、他のどこかの国民がこちらの行動の独立性を滅ぼすような兵器を開発しているのを座視していることはできない。

この事実を我々は開かれた眼で見なければならず、スパイを捕らえたら死刑にするのは全く尤もなことではあるが、スパイはいないはずだとか、相手側——どの他国であれ——はスパイを使う試みを差し控えるだろうと期待するのは全く無理である。スパイをする人たちの一部は、戦争や紛争が起こるたびに歴史の岸辺に打ち上げられる山師たちのなかに見られ、どちらの側にも使われ、否認され、最後には葬られてしまう。

他の一部の人たちは、狭い意味の愛国心のためや、国籍を超えた一つの原理と信じるものへの献身のための熱狂から、極度の危険を冒し、スパイ活動のカミカゼ［神風］を買って出ることさえある。我々はこれを嘆くこともできるし、火には火で戦わねばならないことも確かだが、そういうスパイ行為に出る敵を何から何まで憎んで我々の道徳的正義心を無駄使いするのが非現実的であることは、カミカゼ戦士に対して道徳的怒りを無駄使いすることや、カミカゼに対する我々の感情が、敵にその使用を止めさせるとか、我々の航空母艦を強力な対空火器や戦闘機によって防備する必要をなくさせると期待するのが非現実的であるのと同様である。

機密はやがていくらかは敵の手にわたるものであり、このことを全く無視した政策は、現実的でなく、我々自身の安全に有効でない。我々は、機密については、機密が無理なく成果をあげうることだけを期待しなければならない。機密そのものに関する限り、それよりさらに重要なのは、機密の等級を、機密がもたらす利益と不利の両方の客観的考慮に基づいて決定せねばならない、ということである。

私は、我が国では機密についての種々の可能性と適切なバランスの客観的検討が十分なされたとは信じていないし、たとえその現実的なバランスがペンタゴンの中のどこかに存在するとしても、それは一般の人々や新聞編集者全般の頭の中には存在しないことは確かである。

現代の一般的傾向では、発明の主な存在価値は、それを使って個人が儲けることとか、または種々の集団や国家が権力と支配の一つの源泉として競争的に使うことにあると考えられている。発明は他者の意志を自分の意志に従わせることのできる手段の一つと考えられているのである。もしこれが発明の唯一の用途であるなら、または主な用途であってさえ、機密の問題は、やはり複雑であるとはいえ、比較的単純になるはずである。問題を複雑にさせているのは、発明は人間の基本的な非競争的な要求を満たすものでもあり、しかも同じ発明も異なる時期には異なる要求を満たす、ということである。

新しい知的なアイディアが人間の頭脳の中で戦い合っている間は、この新発明から個人の財産または国家の権力主張手段として何を作ることができるかを予想することはしばしば十分可能である。多くの発明や発見は、象のように巨大でライオンのように危険になる可能性を内蔵しているが、ライオンも象も子宮の中では格別際立った肉塊ではない。しかし、まさしくこの子宮期にこそ、一個の発明は、一個の胎児と同様に、ある理想的な制御を施せるかもしれないものであり、しかもそれは、実はまだこの時期には、極めて稀にしか起こりそうもない偶然事なのである。実際に起こることは、実は、その完全に具体的な姿においては、常に極度に確率の小さい出来事であり、これは確率の理論のパラドックスの一つである。

あなたや私が存在することは、母親の卵巣で作られる莫大な数の細胞のうち、生涯に卵巣から放出される五百個ほどの卵子のうちのある一つが、父親からの何億個もの精子の一つと出会って受精したことに由来する。他のどれかの卵子と精子とでは、現にある特定の個体の形成に必要だった遺伝形質の組み合わせと全く同じものはおそらく作れなかったはずである。しかしその個体が現にもつ遺伝的および後天的な全形質を具えて現実に存在するに至った時には、その人の存在は、現実の世界にかなり長い時間にわたって足跡を留める見込みが十分ある一つの実在する重要な事実である。

同様にして、一つのアイディアの受胎と出産に至るまでの諸事象の組み合わせは、起こる確率が極度に小さくて予言し難く、些細な偶発事によって全く起こらずじまいになりえたことである。とにかく、それが特定の時期に特定の個人の頭の中で起こる仕方はたいてい余りにも偶発的なので、まともな賭けの対象にはならない。世間の雇い主たちが胎児に投資しないのと同様に、我々の資本家たちは胎児段階のアイディアには投資できない。

こうして、アイディアの制御は、たとえ堕胎という方法だけによってであれ、それが可能かもしれない時期には、誰にとっても、これといった関心の的にはならない。もっと後になって、そのアイディアが元気な子供になるか、ましてや頑強な若者になると、それが生まれてこなかったかのように扱うことは容易なことではない。そうすることは、もはや少なくとも精神的な殺人に相当し、他の殺人と同様、精神的殺人も隠しおおせるものではない。

問題なのは、一つのアイディアが成熟して何らかの予想しうる経済的または軍事的な用途を示すに至った時には、多数の人々が既にそれを知っており、それを抹殺することはできそうもないことである。言い換えれば、ある経済的投資の妥当な基礎になるようなアイディアは、その存在の多くの形跡が社会に広く散らばっているため、既に世に知られているに違いない。そういう時期になれば、同じ発明の多重発生という現象は、単なる稀な可能性ではなく、かなりの確率をもつ現象になる。

そのうえ、ある発明が経済的または軍事的に魅力的になる段階に達した時は、その発明の存在の機密は、既に非常に浅い機密になっている。アイディアは既に広がっているから、それがある特殊な目的に適することの発見には、ある程度の明敏さがまだ必要だとしても、その新アイディアに間接にでも接したことのある社会全体の中に、その程度の明敏さをもつ人が、何人も現われることなしに何十年も過ぎることは、いや何年も過ぎることさえ、あまりありそうもない。

あいにく、従来異なる国々の科学者と科学者、頭脳と頭脳を結び付けていたきづなが、近年かなりゆるんだ。鉄のカーテンは我々に対しても掛けられており、両方向への障壁とされている。しかし、それはまだ書物や定期刊行物に対してはかなり透過性をもち、例えば物理学の知識の状態は、このカーテンの両側であまり重大な違いはない。このカーテンをあらゆる分野のアイディアに対して、生まれかけのものであれ成熟したものであれ全てのアイディアに対して不透過性にするためには、世界の両半分のそれぞれにおける知的発展の減速または停止という大変な犠牲を必要とする。それは突きつめて見れば、あらゆる科学の進歩の廃止または極めて厳しい制限を必要とする。これなしには、機密は誘惑のわなであり、また幻想である。

歴史の常識によれば、優秀な将軍は常に最後の戦いを戦い、並の能力の将軍は最後から二番目の戦いを戦う。鋼鉄と爆薬の形の兵器に当てはまることは、アイディアと政策という兵器にも等しく当てはまる。我が国の存続も、人類の存続さえも、戦争や外交や我々の生活のあらゆる部面の政策担当者たちがアイディアの面にも機敏で透徹した意識を配るかどうかにかかっている。

機密と安全保障を論じるだけでは十分でなく、さらにそれらを要求するだけでも十分ではない。何を達成することが可能なのか、我々は何を達成したいのかについて、なにか適切な考えと、そのような目的を達成するための熟慮の上での政策を、我々はもたねばならない。そのような考えと政策とは今後に待たねばならない。今日当面の問題は、機密が非人間的思考および硬直し過剰成長した組織と共に我々アイディアに取り組む人々の上に投じている暗い影である。

このラグナレクの時代［北欧神話の最後の審判、神々のたそがれの時］、人間の精神の冬が次々と夏をはさまずに繰り返す時代には、真の創造的な科学者、アイディアの生み手は、人生における自己の使命を尊ぶことを忘れてはならない。なぜなら、今日の時代には次の二種類の科学者の精神の間に根本的な対立があるからである。一方には、自由な創造的科学者、アイディアの生み手の精神があり、他方には、主として既成のアイディアの商業的利用または創造や発見という行為の諸段階のうち商業的企業として扱うに十分なほど機械的な仕事に帰着できる末期段階に適応した組織で働いている科学者の精神がある。もちろん、この二種類の科学者自身は平和的に共存してゆけるかもしれないが、両者の価値をどう調和させることができるのかは難しい問題である。私には、両者の共存は次第に、その背後に潜む対立へ没してゆく恐れがあるように思われる。

大組織の外にいる科学者から見れば、大研究所を内部の科学者たちが賛美するのは、わなにはまって尻尾を失ったキツネが尻尾のショートカットを新流行に仕立てようとする試みのように見える。独立した科学者に対して、既に尻尾を犠牲にしたキツネたちと科学の雇い主と自称する人たちとの両方が最も普通に加える非難の一つは、独立した個性的な科学者は修練不足だという非難である。修練不足とは外からの拘束と外からの処罰の危険との影の不足を意味するに過ぎないのなら、独立自尊の科学者は修練不足かもしれない。しかし、そういう科学者は、もし自分の使命の全てである漠然として形のないヒントの段階のアイディアに取り組んで、それを適切で扱いやすい形のアイディアに仕立てる能力をもっているなら、深い修練を積んだ人物であるにちがいない。人はだれも、秩序を求める已むに已まれぬ内心の要求なしには、混沌の領域へ踏み込んでそこに秩序を与えるようなことはしないが、自己矛盾して秩序ある形にすることが不可能なアイディアを受容すれば罰を免れない。従って、創造的な科学者の知的修練の一つは、自分の直感が実は空虚で、自分が追求していた秩序の影はキツネ火にほかならないと悟った時には、そのキツネ火を捨てて沼地を離れ、足下のしっかりした土地へ進むことである。

修練のこの部分は、実際的かつ非常に明白であるが、決して科学者に必要な修練の全部ではない。守りえないものを、それが守りえないことが証明されたら、捨てて転進させるような確固とした展望とぴったり表裏をなすものとして、もう一つの、あまり唱えられていない修練も必要である。それは科学者をして、一つのアイディアを、それが実体のないものであるか不正確なものであることが徹底的に確かめられるまでは愛し続けるようにならせる修練である。

イエズス会士ジェロニモ・サッケーリの数学的研究の歴史を見ると、逆理的なアイディアをあまり早くは捨てないことの必要さが分かる。十八世紀になると、それまで二千年以上にわたりユークリッドの公理とユークリッド幾何学を最終的なものと考えていた思弁的な思考が、問題にもう一度取り組み始めた。数学の公理は、疑えば必ず矛盾に陥る真理と考えられていたので、ユークリッド幾何学の諸公理がこの性質のものであることを証明しようとする試みが復活した。これらの公理のうち最も厄介で、取り替え不可能なことを証明するのが最も困難なものは平行線の公理で、それは一つの平面内に、その平面内の一定の直線上にはないが、その平面内にある一点を通って、その直線と交わらない直線は、ただ一つだけ引くことができる、という主張である。

これが真理であることを証明しようとすれば、それに代わる二つの主張のいずれをも斥ける正当な理由を示さねばならない。その一方は、その点を通って、その一定の直線と交わらない直線がいくつも引けることを認め、他方は、そのような直線は一つも引けないことを認める。サッケーリは、この二つの代替仮定のどちらを採用しても幾何学の船が岩礁に乗り上げることを証明しようとして、この二つの仮定のそれぞれから次々に結論を引き出し始めた。彼が得た結果は極めてグロテスクであり、彼はそれらを受容できないものと見なしたが、それらは、どちらの仮定の場合も何ら明白な矛盾のようなものには行き着かなかった。

後にヤノシュ・ボヤイやニコライ・ロバチェフスキーのような数学者がサッケーリの思考の線を追って別の結論に行き着いた。事実、彼らは、この二つの新しい公理のどちらも、矛盾にではなく、ユークリッド幾何学とは異なる幾何学に行き着くことを示し、どちらも以来非ユークリッド幾何学と呼ばれるようになった幾何学の一つになった。これらの非ユークリッド仮説を、単にそれらが奇妙だというだけの理由で、矛盾する結論へ行き着かせる方法の発見に成功することなしに捨ててしまったなら、それは知的臆病でなければ知的無能の現われということになっただろう。こうして、これらの新幾何学の研究を、そのそれぞれが我々の想像力を従来の習慣とは異なるものに合わせることを要求するというだけの理由で放棄したなら、それは修練不足だったことになる。

私は自分の仕事の中で、それと似た準道徳的な問題に何度もぶつからねばならなかった。例えば、ブラウン運動の幾何学で私は、連続だがどこでも微分できない曲線という概念を、ある物理学理論で扱うことを強いられた。こういう曲線は数学的には存在することがずっと前から知られていたが、数学のうち物理的に意味があり応用に適すると考えられていた部分の全く外にある博物館的なものと見なされていた。私は、自分のアイディアで何らかのものへ行き着くために、そのような曲線という概念を真に物理的な状況の中で扱うことを強いられた。これを拒否していたなら、私の後年の科学的業績の主要部分は生み出せなかったばかりでなく、私の知的成長を自ら削ったものと見なされるのが当然だったろう。拒否せねばならない仕事を捨てることにだけでなく、まだ考察する価値があるものを捨てないことにも、修練が必要である。

このようにして、私は革新を支持する立場をとる。一部の読者は、私が科学における進歩についての世間一般の観念を支持していると誤解なさるかもしれない。しかし、科学はあらゆる点でますます大きく、ますます良くなりつつあるとは、私は信じない。とはいえ、科学が印刷または筆記された記録をもち、これらの記録の量が年々ますます大きくなってゆく限り、科学者が探さねばならない記録は、好むと好まざるとに関せず絶えず増加してゆく。科学は不可逆的な過程である――焚書とか科学の成長を削減する他の措置がない限り。我々は、過去の時代の業績や思弁を表わす大量の文献や思想を無視して行動すれば罰を受けずには済まない。良かれ悪しかれ、我々は自分たちが今置かれている場所から出発するのであり、古き良き時代はマーリーの幽霊（Marley's ghost）のように既に去ってしまった。

このことは科学と芸術とで本質的に違わないことだが、［どちらでも］時計を昔に戻したがっている人が確かにいる。いま仮に魔法使いが杖の一振りでニュートンを現代の科学者大衆の中へ連れて来ることができたとしよう。ただし、それは住居の表札にニュートンという名前を刻ませるために存在しているようなそこらの人ではなく、本物のニュートンで、しかも彼が最善の仕事をした中年初期のニュートンである。もちろん彼は今日進められている研究に即座に精通してしまうはずはない。私が想像できる限りでは、彼が最初にやることは、ギッブズとアインシュタインとハイゼンベルクの本を取り上げて注意深く調べることである。彼は、それらの本の一部または全部に欠点を見つけて、それらに反対するかもしれない。

確かなことは、彼がそれらの本に賛成しようと反対しようと、それらを無視しはせず、彼がする研究の一部は現代の科学に光を投じるだろうことである。「もし私が他の人々より遠くを見たとすれば、それは巨人たちの肩に乗ったおかげである」と言うほどの率直さと勇気をもった人物なら、さらに高く後年の巨人たちの肩に上ることを一瞬もためらいはしないはずである。

もしエウリピデスが彼の創造的な力と罪の意識とを全てもったまま地上へ連れ戻されたなら、ほんの数日のうちに自分より後の時代の人たちが同じ問題に取り組み、いくらかの好結果を得たことを認めるだろう。やがて遠からず彼はフロイトが存在したことを知り、フロイトの著作を、最大の興味をもって読んだであろう。それらに賛成したにせよ反対したにせよ、エウリピデスが蘇ってから一年以上たってから書いた戯曲は、たぶんフロイト用語を避けただろうが、フロイトのアイディアの宝庫を避けて進むことは到底できなかったろう。

もしレオナルドが今日の世の中にいて、美術館を訪れ、彼以後今日までの間の時代が純粋に絵画的な準写真的美術の可能性の大部分を究め尽くすのにいかに役立ったかを見れば、私の思うに、彼は他の大芸術家たちと同様に、堅実な伝統があまりにも長く生き続けたために陳腐になってしまったのにうんざりするのではないか。私は彼が絵画と表現の新しい技法についてどんな実験をするかを予言することはできないが、もし彼が最後までやりぬくなら、何か伝統的には全く非正統的な方法を駆使して、何らかの近代主義派の守護神にさえなることは、まず間違いあるまい。

このことから一つの非常に興味深い芸術上の問題がでてくる。それは歴史記述や翻訳や古物蒐集や模倣制作の技芸についての問題である。ダンテの翻訳家は、ダンテが述べた通りに述べなければならず、ダンテにはなかったアイディアを使ってはならない。しかし、まさにこのことのために彼はダンテのような人であることはできない。なぜならダンテは、たとえ実際には自分の周囲にあるアイディアから発して彼自身が補正を加えたアイディアだけしか使わなかったにせよ、自分の頭に何か新しいアイディアが浮かべば、それを何でも進んで使うような人だったからである。どうみても彼は、自分のアイディアを何か既成のダンテのアイディアというようなものの枠内に限ることを強いられてはいなかった。ラルフ・アダムズ・クラムは、近代建築をシャルトル大聖堂の建築家がもっていたのと同じ方法と宗教的観念の枠内で設計せねばならないという必要に自分が縛られていると感じた。クラムさんは、設計の仕事を、シャルトルの大聖堂の建築家には決して課されていなかった条件の下で行なった。シャルトルの大聖堂の建築家は、自分の頭に浮かんだ新しい建築方法やすばらしい新様式を退けはしなかったはずである。彼は中世の人であったが、中世主義者ではなかった。後世の建築における中世主義者がクラムのような活躍をする場合には、死んだ伝統をある閉じられた完成したものとして受け入れて仕事をするのである。

9　発明の計算できないリスクと経済的環境

今日の政策決定者たちの間で大いに愛用されている言葉の一つは「計算されたリスク」である。この言葉には一つの正当な意味があり、それは例えば生命保険業の適切な基礎をなすものである。ただ一人の個人を考える場合には、その人は明日死ぬかもしれず、五十年後に死ぬかもしれず、どちらかをあまり確かに知ることはできない。

しかし、多数の個人を問題にすれば、それらの人を医学的検査や祖先の寿命の調査や仕事の分類や等々によって様々なクラスへ分けることができ、それらのクラスの各々については、多数の事例にわたる綿密な統計があって、そのクラスのメンバーのうち一定の期間の後に生存していると予想できる人の数をかなり正確に推定することができる。

このような調査と分類の仕事は、保険医と保険経理士に複合的に課される仕事であり、その仕事は、賢明に分散された保険加入者をもつ生命保険会社が、統計データの何か一つの揺らぎやペストの大流行の類ではない何か一つの災害では破産しないことを十分合理的に確信するための基礎を与える。
今日我々は、米国が原爆を広島に使ったのは計算されたリスクに基づいたものだという意味の報道をしばしば耳にする。私は、このリスクを算定した保険経理士は誰だったのかとお尋ねしたい。原爆を使うためには、その殺傷力の推定だけではなく、それが日本人に与える感情的衝撃と、さらにまた非ヨーロッパ人種のうち米国はそれをアジア人や黒人に対しては差別的に使うだろうと強く信じている全ての人々への感情的衝撃を推定することが必要だった。

そのうえ、原爆の使用には、既にその使用を承認した国が後から報復される場合のことをよく考える必要があった。当時はこの爆弾やさらに強力な兵器の製造にゆきつく可能性のある技術は、後に水爆が登場したことが示すように、まだ幼児段階にあった。我々の機密規制は、敵が原爆をもつのを防ぐに十分なためには、過去のどんな機密政策の場合より遥かに厳しく遥かに永続的なものでなければならなかったし、我々の潜在敵国が自国の将来の政策を決定する自由を求める抑え難い要求に対抗するものでなければならなかった。これら全てを判断するための保険統計的資料が、いったいどこにあったのか。原子爆弾は、その軍事的・社会的・政治的意味を考えるとき、真に新しい発明は計算できないリスクの重要な諸要素を常に呼び出すにちがいないことを示す好個の例である。

保険計理士の仕事は、十分多数の事例があって、平均からの外れの度合を見積もれる場合にのみ可能である。この見積りは、根本的に新しい事態の成行きの最初には不可能である。その結果、計算されたリスクも計算できるリスクも存在せず、どんな数学的才知も、わずかな統計的知識の代わりにはならない。「計算されたリスク」という言葉は従来しばしば安っぽい宣伝文句だったし、今日も大衆をだますために非常に広く使われている。

数年前、計算できるリスクの問題の極めて興味深い実例が、私とジョン・フォン・ノイマン教授の注意を引いた。私はそれまで数年間にわたり予測の数学的理論を研究し、株式市場のデータのような数値の系列に対して使える方法を考案したことがあった。私はこれを予想屋まがいの情報提供業に使うのがいやだった。なぜなら、私はそのような情報業の多くのお客が統計家の能力をひどく盲信しているのを知っていたし、統計的な投資案内の需要が増えていたまさにその時に経済の基礎的変動要因のいくつかが急速に変化しつつあるのを知っていた。従って私は、自分のアイディアの商業化の誘いを清らかな良心で歓迎することはできなかったのである。

この時、ある大産業家一族の出の人が私のオフィスへ私を訪ねてきた。その人は私に株式市場予測の問題の研究をもっと進めてくれとしきりに頼んだ。彼の考えでは、株式市場の予測を一パーセント改善するだけでも、何百万ドルもの投資を操って経済界を大きく動かすことができるというのだった。

この問題をフォン・ノイマンに示すと、彼は私が完全に同意する意見を述べた。株式市場の予測法が何らかの商業的価値をもつためには、それが何らかの隠密の方法で何百万ドルもの投資に使えるということだけでは十分でなく、それを使う人が、それが確実に役立つことを何らかの方法で知ることができなければならない。

問題は、株式市場の予測には我々が十分には知っていない多くの要因があり、それらの要因は予測の値に数パーセントにのぼる変化をもたらしそうである。従って見掛け上一パーセントの改善は単に偶然の副次的な経済要因によるに過ぎないこともありえ、使われた予測方法の価値に明白に由来するとはいえまい。たとえ予測に本当に改善がなされていても、我々がそれを何らかの妥当な時間内に、統計的調査に途方もない費用をかけることなしに知ることのできる方法はなかろう。

統計的推定方法を使って計算可能なリスクを小さくすることができるためには、その方法によって生じた改善の大きさが、明らかに計算でき、直接見ることとさえできることが必要である。言い換えれば、人が自分の投資を調節するのに有効な方法は、制御可能な方法でなければならない。そういう場合には、その方法による過去の結果を判断して将来の計画を調節するためのフィードバックを加えれば、その有効さが著しく増大する。このフィードバックを欠く方法は、政策の基礎として決して満足なものではない。もし我々がそのように貧弱な基礎に基づく政策に頼るなら、自滅する危険が極めて大きい。

このことは、発明における計算可能なリスクを問題にする時に第一に重要なことである。発明の最も決定的な段階は、前述のように、新しいアイディアの母でもあり子でもある知的風土の変化であり、これは社会にとって莫大な価値があるかもしれないが、本質的に保険統計計理士には扱えない。

もっと後に、そのアイディアが社会全体にうようよするようになり、人々が次々にその可能性に気づくようになる時までは、高度に理論的な保険計理士の純粋に知的な実験でさえ不可能である。それより前の段階では、新しい道を追って得をする場合もあるだろうが、得をするか損をするかの不確実さがあまりに大きいので、投資には忌避される。有限の資力の投資家は、一つのアイディアが単に誰かにどこかで利益を与えるということでなく、利益を自分に、しかも自分の帳簿上の利益を合理的に当てにできるような時間内に与えることを、自分で確信せねばならない。

従って、産業家は発明や発見の最初の発生段階は敬遠して、誰かがやらなかったことは別の誰かがやることがほとんど確かになるような発明の後期段階まで待たねばならない。そうすれば、大当りによる成功の見込みは減るが、自分が成功しているかどうかと、何に成功しているかを、ずっとよく見定めることができる。この場合、もし彼が遠い先の途方もない儲けの推定できない可能性を捨てたとすれば、彼は無謀な投機を捨てて制御できる実業を選んだのである。

どんな分野でも政策決定においてぶつかる大きな困難の一つは、政策はいつまでも推測航法で決定してはゆけないことである。船を推測航法だけで航海させ、太陽も星も見えず、測深器も使わず、遠くに沿岸の陸地も見えないまま進めば、やがては岩に乗り上げることになる。六分儀や電波方向探知器や測深器は、いずれもフィードバック装置であり、それによって我々は、推測した位置の正確さを、ある観測された位置または少なくとも観測された位置の何らかの指標と対照して調べることができる。同様にして、企業や政府部局は、その政策の有効さを繰り返し調べてゆく何らかの手段なしには、政策の作定も遂行もできない。これら全てはかなり簡単なことのように見えるが、我々の短期政策も中期政策さえもこれによって導かれねばならない。

このフィードバックによる方法に含まれる困難は、政策によって生じた結果が分かるまでにかかる時間が長くなると、この方法の有効さが減ることである。セコイヤの森林の管理においては、セコイヤは収穫までに千年以上かかることがあるから、我々は少なくともそれまでの期間の山火事の可能性や、所有権国の変化や、将来の人類が現在の需要とは非常に異なる需要を何らかの仕方で開発する可能性をさえ考慮しなければ、管理の効果がなくなる。

滅多に起こらない出来事を遠い先まで予測する問題は、数学的に困難な問題であり、エミール・J・グンベルがいくらかの研究をしたが、それは適切な答えが得られる問題であるとは私は思わない。ニューイングランドでは、ダムによって対抗すべき最大の危険は、一年間の間では、ほとんど確実に降雨の異常な過剰であり、この過剰降雨は統計的に推定可能である。一世紀の間では、それはおそらく西インド諸島のハリケーンか、ひょっとすれば地震である。一千年の間では、それは我々にはとうてい分からない。長期的な偶発事象は、短期的なそれとは異なる母集団に属し、短期の経験に基づくフィードバック処理法を長期間へ拡張したのでは失敗することがある。しかし、歴史と地学の知識をますます改善し、古代の湖水に沈積した泥土層のバーブ（縞状の年層）の調査や類似の新しい試みをすれば、我々はついにはダムの建設に最善の長期戦略を推定できるようになるかもしれない。

要するに、どんな持続的事業も、その行動がその結果によって調節されなければならない。情報の立場から見れば、行動の結果が、制御機械において「フィードバック」と呼ばれるものと厳密に同形のものを構成せねばならない。今日アメリカで流行している半ば公認された経済的・政治的行動の理論の本質は、根本的には、あらゆる社会現象に対して十分だと見なされて我々に課されているフィードバックの本性についてのある非常に限定された見解にある。

このフィードバックは私企業の経済的フィードバックである。そこでは一つの企てが成功か失敗かを判断する尺度は、お金またはお金に変換可能なものであり、この経済量の増減が個人または会社に与える影響が、あらゆる事業を十分に調節すると想定されている。すなわち一つの企ての決算がなされて、商業的な売買と、資本の利子と、設備の更新や保守や減価償却に必要な支出とによって生じた利得または損失が判明すれば、その企ての成功または失敗の度合の完全な指標が得られると想定されている。

もし企業の収益を歴史に照らして眺めるなら、このような簿記による成功度の監視は比較的短期の監視であることが分かるであろう。今の世代の人々は貨幣的な価値が絶対的永続性をもつという幻想はもっていない。我々は既に通貨価値の大下落を経験してきたし、厳密な意味での通貨以外の広い範囲にわたるインフレーションを経験してきた。我々が必ずしも意識していないことは、この価値下落、または結局同じことになるが、戦争や飢餓等々による損失は、資本主義制度そのものの前提だということである。

いま仮にキリストの時代のローマの貨幣一枚が一ドルの購買力をもっていたとしよう。それが、ごく控え目の利率である年利二分の複利で貸し出されたとしよう。するとそれは今日までにいくらになっているだろうか。その元利合計は千兆ドルの桁に達する。明らかにこれはナンセンスであり、明らかに答えは、どんな銀行も二千年のうちの多少とも大きな部分にわたり安定な条件の下で操業していたはずはないということである。我々が受け取る利子の大部分は、時の流れの中で起こった財貨や財産の反復的な破壊によって条件づけられている。大破局を挟むことのない真に安定な社会制度なら、提供される利率は非常に低く、誰一人として自分の生涯程度の長期にわたる投資には大して取組むはずはない。すなわち、企業の利率と資本主義制度は、「我々の企業は、比較的短期の事業であり、その本性により人類の長期的利益に大きな注意を払うことはできない」という事実によって条件づけられている。

制御機構を建設する場合には、我々はしばしば、いやほとんどいつも、機械の連続的な働きはいくつかの互いに非常に異なる時間尺度のフィードバックに依存するということに気づく。議論の目的のため、二つのフィードバックの場合だけ考えよう。その一方は過去の非常に短い時間についてのものとし、他方は非常に長い時間についてのものとする。第一のものを即時フィードバック、第二のものを永年フィードバックと呼ぶことにしよう。この二つのフィードバックをもつシステムの単純な工学的実例を示そう。

航空機を対空砲によって撃墜することは、本質的に統計的な問題である。砲弾を敵機にいつも必ず命中させることはできないが、できるだけ高い頻度で命中させること、または少なくとも敵に与える被害をできるだけ大きくすることが望ましい。そのためには、目標の航空機を比較的短時間にわたり観測し、次にそれまでの観測結果に一定の操作を加えて、すぐ先の何らかの時刻にその航空機が存在すると推定される位置へ砲弾が同時に到達するように最善の発射方向を決定する。そのさいに使う直接のデータは、その航空機の過去数秒または数分の一秒にわたる運動から採取される。しかし、我々が使うデータはそれだけではない。

対空砲を発射する政策を決定するためには、航空機の運動の統計をいくらか知らねばならない。そういう統計について適切な知識を得るためには、現在目標にしている型の航空機が現在従事しているように見える型の活動を行なっていた時の運動の広範な記録が必要である。対空砲側にとって大きな価値のある最小限の資料には、当の航空機または類似の航空機の数分間か数時間にわたる飛行の記録が含まれるが、その代わりに我々はおそらく敵側の航空機群の数日、数週または数カ月にわたる飛行記録の一覧表を使うことになろう。これらのデータを採用して統計的に調べ、短時間フィードバックによる対空砲制御に使う政策を作り上げることを可能にしてくれる計算方法（機械化できる形の）を得ることは可能である。このフィードバック法は上記の永年フィードバックに属する。

人間社会の政策に目をむけ、短時間勘定が年単位のものを考えると、長時間勘定は歴史の考察でなければならなくなる。この長時間勘定は、対空射撃の場合と同様に、記憶と記録に依存するが、この場合の記憶と記録は人類の長時間の記憶と記録である。明らかなことに、個々の会社や個人の簿記的記録は、そういう因子を考察するには短かすぎ、かつ狭すぎる。では、それらをどのようにして勘定に入れたらいいのか。

資本主義の極端な信奉者の一部は、お金の損得という形の賞罰で経営のあらゆる問題が扱えると主張しているが、実際の事業ではこのことは本当に信じられてはいない。

一つの非常に重要な型の事業である保険業では、保険業者は、適当な額のお金と引き換えに、保険契約者の一定のリスクを保障し損失を埋め合わすことを引き受ける。実は、企業のあらゆる行為は、政策決定に関する限り、その企業体の行為に内在するリスクについての企業体内での保険事業であると言ってもあまり的外れではあるまい。

さて、前述のように、保険会社は保険経理士の統計表が役立つ非常に多様なリスク——すなわち計算されたリスクまたは計算できるリスク——を扱うが、そのさい彼らが全く関与したがらない型のリスクがある。保険証券（または汽船や旅客機の切符のような契約書）の文面を読めば、適用範囲は「不可抗力（Act of God 天災）および国家の敵」による場合を除くとある。それには、戦争の類の特殊なリスクを別にすれば、適当な保険経理的データがないほど稀で全体的な性質の大災害が含まれる。

我が国では最近、あまり大きくはないがこの種の特性をもつ災害として、マサチューセッツ州ウースターの竜巻があった。実は、それはひどいものではあったが、通常の保険機関や類似の機関を破産させるほどの大災害ではなかった。にもかかわらず、負傷者と遺族に必要な救援を主に担当したのは、保険会社や何らかの企業体ではなく、赤十字であった。

非常事態の犠牲者の世話をする赤十字その他の機関は、資本主義的システムの外の拘束力に訴える。宗教や教会や我々の一般的な慈善的感情に訴えるのである。言い換えれば、訴える相手は、個々のどんな企業よりも長続きすることができるばかりか現に概して長続きしてきた機関や慣習である。我々が実際に支持している資本主義的な拘束力とフィードバックのシステムは、慈善的、宗教的、およびその他の営利が主な動機ではない社会的な機関や慣習が同時に存在することによって深く修飾され緩和されているシステムである。

もし企業の短期的な収益が、稀で予測不可能な大災害に対処できないのなら、それは人類の利益をもたらすような稀で予測不可能な出来事に対処することもやはりできない。上述のように宗教と教会は長期的なリスクと政策を扱うのであり、それらが厳密な意味で永遠なものを扱うと言えるか否かは問題でない。それゆえ、長期的な偉大で予測できない利益を論じる場合には宗教の用語を使うのが適切であり、そのような利益を教会は神の恩寵（Acts of Grace〔仏なら慈悲か？〕）と呼んでいる。

フィードバックについて既に述べた指摘が示すように、不可抗力の類による異常な大災害に対する防備は、人の一生や普通の事業に期待される寿命のような短い時間内に明確に確認することのできない長期的な政策に依存する。それゆえ、歴史を調べなければ、こういう出来事に備える方法を知ることはできず、過去の歴史上のどんな政策が同様な条件の下で人間と人間的な利益を最もよく保存したのか、現在の条件はこの判断が妥当であり続けると期待できるような条件であるのか否かを知ることはできない。

例えば竜巻や洪水の後には慈善的な救援を要求するような第二のフィードバックの採用は、我々が歴史によってそのような処置が今まで概して好結果をもたらしてきたことを知っており、この歴史の光に照らして現在のやりかたを採用するがゆえのものであるが、宗教的な言葉を使えば信仰による行為（Act of Faith）に他ならない。

私が今主張しており、また本書で主張してきた主題は、基礎科学が我々の希望ばかりでなく我々の必要をも満たすことができる程度まで発展することができるような雰囲気が存在し続けるか否かは、社会の人々が、知識人の仕事は助成するに値するものであり、その仕事が可能になるような雰囲気の促進に尽くす機関は公共の利益を代表するものであると信じるか否かにかかっているという主張である。

この主張はまた、本書で既に科学者の献身について述べたこと、すなわち科学者は献身的な人間でなければならないという条件を含んでいる。科学者が十分に成果を挙げることのできる環境は、本質的に永遠のために作られた機関に委ねられねばならない。この点で大学と教会の歴史的な結びつきは重要であり、その第一の理由は、教会が科学の推進に主要な役割を果たしたことにではなく、大学がその母体になった教会と同様に長期的な機関だったことにある。

おそらく、我々の近代的科学財団が、やがては大学が既に示してきた永続性の一部を獲得するであろうし、またもし個々の科学財団がこの永続性を示さないなら、おそらくそれらの財団の総合機関が、この永続性の一部を示すようになるであろう。それらの財団を設立し維持し再建する義務は社会の比較的富裕なメンバーの肩にかかっているように感じられるが、いずれにせよ、科学の生殖力を最高かつ最深のレベルに維持するための自然な責任は本来そこにある。

ひとたび我々が知識人のためのそのような長期的な住み家の必要を確認すれば、その管理の基礎が何であれ、我々はその生命を妥当なフィードバック的性質をもつ二次的な判断基準の助けによって維持してゆくことができるであろう。一つのアイディアの長期的に見た有用さや、一人のアイディア創始者の長期的に見た多産性は、直接見分けられる判別基準ではとうてい判断できないが、いくらか役に立つ部分的指標を与えてくれるある種の内的判別基準がある。重要な発見に行き着きそうな種類の良質の科学研究には、首尾一貫性とイマジネーションと大胆さの組み合わせが見られる。このことがしばしば、前途有望な構想と単なる陳腐な示唆との違いを、それらが実際に十分な成果を示すより何世代も前に教えてくれる。*

* 〔訳者〕 右の二つのパラグラフの原文には意味の判読に苦しむ節々があり、原著者はまあこんなことを言おうとしたのだろうと推察して翻訳した（原書 p. 123）。

長期的フィードバックの必要性と、それは信仰（faith）を含まざるをえないこととを論じるに当たり私は、信仰それ自体も長期的なフィードバックによる批判に従うことを指摘したい。既に型にはまっていて、従来かなりの期間その機能を遂行し今もそうし続けていることを実際に示す証拠と何ら照らし合わすことなしに信じられている信仰は、偶像崇拝である。偶像崇拝には、宗教的なものばかりでなく、政治的または経済的なものもあり、古代中国人が偉大な理解を示した政治的偶像崇拝がある。

王の神授の権利という観念は、世界中に見られ、中国では稀とはいえないが、この神授の権利についての中国人の解釈は格別近代的である。孟子によれば、いや孔子によっても、統治は天から来るのであり、天の委託の下で遂行される。しかし、もし人民の福祉が害され、それが続くなら、それは、その皇帝だけでなく多分その王朝も既に天の委託を失ったこと、従って倒れるのが当然であることの証拠である。このことは、古代中国人がフィードバックの原理を信仰の問題においてさえ認めていた証拠と解釈してよかろう。

しかし、長期的な戦略の主な困難はまだ残っている。すなわち、そのような戦略を採用する場合には我々は、自分たち自身の利益のためよりは、我々の遠い子孫のため、またはそれに取って代わる人々のための処置を取っているのである。我々は、彼らにとって最善の戦略をおそらく知らないだけではなく、彼らの存在には無関心かもしれず、そのような戦略がその有効さについて、我々が短期的な政策に要求するような明白で疑いのない証拠を示すことを期待することができないことは確かである。株式会社やその他の会社の場合には、この困難は格別不可避である。なぜなら一世紀以上存続した会社はごく稀であり、千年続いた会社は絶対にないと言えないまでも事実上皆無である。一世紀以上先の出来事のために資産の一部を費やす銀行があれば、どんな寛大な銀行検査官でも愚行だと言うだろう。

しかし、もし人類を存続させようとするなら、その存続に全く無関心な人は少ないと私は信じているのだが、そのためには我々の思考と政策の一部を長期的な事業に投じなければならない。では我々は、いかにしたら長期的な事業を、我々の政策がある一定度の妥当性を確保するような仕方で制御することができるであろうか。

これは社会にとって決して新しい問題ではない。なぜなら、どんな農業社会の存続も、灌漑事業の維持に従来しばしば依存してきたし、依存せざるをえないし、また常に土壌の肥沃さに依存してきたからである。この長期的な資産を維持する義務は、どんな程度にせよ文明社会と自称できるあらゆる社会で受諾されてきたのであり、それらの資産は究極的には、長期的な目的そのものを考察する限りでは、ある種の信仰の行為に依存している。テニソンの「オールドスタイルの北方農夫」は、死の床でこう言っている。これと比べてニュースタイルの北方農夫の眼はもっと世俗的である：

(Northern Farmer, Old Style)

Parson's a bean loikewoise, an' a sittin'
'ere o' my bed.
'The Almoighty's a taakin o' you to issen, may
friend, 'a said,
An' a towd ma sins, an' 's toithe were
due, an' I gied it hond;
I done my duty boy 'um, as I done it boy
the lond.

(Northern Farmer, New Style)

Doesn't thou 'ear my 'erse's legs, as
they canters away?
Proputty, proptty, proputty——that's
what I 'ears 'em say.
Proputty, Proptty, Proputty——Sam, thou,s an
ass for they pains;
Theer's moor sensi i' one o' 'is legs, nor in
all they brains.

［訳者］the Almoighty は the Almighty（全能の神）の，toithe は tithe（教会に納める十分の一税）の，'erse's legs は horse's legs（馬の脚）のスコットランド訛りだろうぐらいのことしか分からないから，この詩の翻訳は試みないが，ここでは次の解説を加えるだけで十分だろう。イギリスの産業革命は十八世紀中葉から十九世紀初頭にかけてスコットランドとイングランド北部の姿を一変させたが，テニソン（1809—1892年）は，この変化の前と後の姿を描いたのであろう。前の詩行には牧師と豆（bean）と義務と土地（lond）がでてくるが，後の詩行には馬が駈けたり止まったりする情景しか出てこない。アダム・スミスとジェームズ・ワットとマカダム（本書83頁）は，この変化を象徴するスコットランド人だった。

既に繰り返し述べたように、人間の思考の豊饒さを維持することは、土地の肥沃さを維持することと同様に、根本的な義務である。それらはどちらも未来の世代に寄与することであり、永遠の未来に対してでなくても少なくとも非常に遠い未来に対して責任を感じる人によらねば遂行されえない。

そのような責任は、それを担う人々に対しても、その知人たちや、近いつながりがあると考えられる人々に対してさえも、決して直接の利益をもたらしえない。社会がその内部に、非常に遠い未来にかかわる機関または少なくとも伝統的に受諾された行動様式を何かもっていないなら、人類の未来の必要についての長期的な配慮は、全ての人の肩に平等にかかることになり、従って誰の肩にもかからないことになる。

単に因襲的な規則では、科学のこのような価値を判定するのに過剰でもあり不足でもあるが、これらの価値は、わかりきったことでもなく識別不可能なことでもない。それらは科学の外部や部外者からと科学者自身の良心の内部からの両方からの知的な批判（たとえ控え目な批判であれ）の対象になる。

しかし、この目的のためには、科学者は良心と献身性と、自分が自分自身の光によって遂行しうる最善の仕事以下のもので満足することを自分に決して許さない内的衝動をもたねばならない。このような使命感は、どんな正式の宗教からも非常にかけ離れているかもしれないが、宗教の真髄を内蔵している。「言葉は［光を］殺すが、霊は光を与える」*。

＊［訳者］ The word killeth, but the spirit giveth light. 新約聖書「コリント人への第二の手紙」第三章第六行に the letter killeth, but the spirit giveth life とある。これは、「モーゼの法典の文言には罪に対する死刑の定めがあるが、イエスが唱えた霊（＝主）

は人に生命を与える」という意味であろうか。

10　特許と発明：アメリカの特許制度

発明を利用するため保有する原始的な方法は、発明者がそれを秘密にして利用するか、または自分の秘密をある価格で親方か他の職人に渡すことであった。特許は最初は、この秘密をなくそうとする方法として出現した。発明家は元は何か一つの工芸の職人だったが、自分の発明を、その工芸の将来のために公開し、その代償として政府の許可する一時的で限定された独占権を得て、買手があれば渡せるようにすることに同意した。もちろん、これは、その発明に十分な独創性と利用価値があればのことだった。

特許は最初は、発明者に対して当人の発明についての売ることのできる権利を保証する装置であった。産業界の研究所の台頭にともない、自由契約または自分の仕事場をもつ個人発明家はたいてい、発明のために雇われる人たちに取って代わられてしまった。これらの人たちは、しばしば給料をたっぷりもらうが、自分のした発明をどれも僅かばかりの金で雇い主に渡すことを義務づけられる。従って特許で主に保護される者は、発明者からその雇い主へ変わってしまった。企業家は新産業への自分の投資を一時的独占によって護るために特許制度を必要とする。特許制度はまた、だれか他者が取得した特許によって一定の産業分野から締め出されるのを防ぐための非常に現実的な装置でもある。

特許制度の擁護者の一部は、それが望ましい理由は、それが企業家に与える保護だけにあり、決して個々の発明者に与える保護にはないとまで主張している。確かに、職人の仕事場に基づく特許制度は、多数の小さな、重要ではなく煩わしい特許を生み出し、発明術を混乱させ、価値の高い新しいアイディアや技術を生み出すのに貢献してこなかったのは、少なくとも事実ではある。

発明とは何を指すかについての法律は、発明術とは何かということと、発明が実際に為される仕方とについての現実的な認識に基づかねばならない。事実、我々の世界のように発明の絶えざる歩みに依存している世界では、発明を生じさせるような環境の研究が近代人の主要な関心の一つであると思われる。ある程度までは、確かにその通りである。特許庁の法律は、発明の財産権を評価するための高度に発達した法令から成っており、我々は、発明とは何であり何時為されたと推定すべきであるかについて法廷で積み重ねられてきた次々の判例をもっている。しかし、発明を所有可能な資産と見るこの関心こそが、発明が生じる過程についての我々の知識に重要な欠陥があることとの主な理由の一つである。

これとよく似た状況が競馬場で見られる。理論的には、我々の競馬は馬の品種改良を確保するためと、この改良を試験することができるようにするための装置である。実際には、競馬場は equus caballus（ウマ）の遺伝学を研究するために行く最後の場所である。しかし第一に、競馬のある非常に大きな部分は去勢馬によってなされる。すなわち、故意に不妊化させられ、育種のゲームから除外された馬によってである。第二に、馬はもはや人類の現在の必要に何ら非常に密接な仕方で応じるものではなくなったし、今なお荷車を引いたり遠乗りしたり、その他類似の社会的に意味のある用途に使われている馬は、ハイアリーアやアクダクト〔アメリカの有名な競馬場〕で見られる賭博ゲームにおけるような優雅な用途とはごくわずかな関係しかもっていない。

今でも競馬場や、ましてや馬の飼育場からは、馬の遺伝学に関して希薄で捩れた知識をある程度集めることができるが、これらの情報は主として馬の、馬としてではなく四つ足のルーレット機械としての遺伝学の研究に関するものである。これらの賭博道具は騎兵の馬とさえごくわずかな関係しかもたない。騎兵の馬は、動物を兵器として使う高度に特殊化した用途のものだが、騎兵隊が機動部隊になった現代では、競走馬の品種改良の問題全体が、あらゆる軍事的問題から遠くなってしまった。実際、それがどんな外的な実用的用途からも遠いことは、ダルマシアン犬の品種改良技術が旧式の消防馬車を牽引する目的から遠いのと同様である。

右の議論は発明の問題からかけ離れているように思われるかもしれないが、今や発明と特許の法規的な姿は、主として、近代的産業の大規模賭博のための一連の規定になってしまった。特許法と新しい技術情勢の下で独占を確立する方法は、それなしには機械師の仕事場に無名のまま存在したはずの才能を開発し褒賞を与える方法としての過去の意義を今なお保持しているかもしれない。しかし、今日の特許制度のもっと公然とした意識的な支持者たちは、職人的発明家の時代が大方過ぎ去ったこと、そして発明の過程は職人の散発的労作から、政府または私企業によって維持される大研究機関の機能へ経済的に転化してしまったことを認識している。発明家は、近代的産業と近代的な大規模事業を形成している大きな賭博ゲームの中の競走馬の立場へ落とされてしまった。

この新しい見方は、次第に産業界から特許法律家へ、特許法律家から法廷へ浸透してゆき、その結果、何が発明であり何が発明でないかについての現行の教義体系が発明の知的過程に対してもつ関係は、競馬クラブの規定が馬一般の現実の品種改良に対してもつ関係とほぼ同じになっている。

このように発明を投資と投機のゲームの中の賭博的要素として使うことが、本書で既に列挙した新発明の動機にもう一つの動機を加える。それらの動機は従来から極めて多様であった。

発明にとっての風土は、百年の単位でも変わるし、十年の単位でも変わるし、一年の単位でさえ変わる。それは極めて多様な性質をもっている。ある場合には、革新の動機は、蒸気機関とか電動機のような新しい技術的な発明であり、それが人間社会におけるその重要さや社会的な帰結の評価がなされることを要求するのである。またある場合には、革新がまず哲学的なレベルで起こる。

さらにまた、ある場合には、例えば物理学のような一つの特定の科学が成長して古い枠に納まりきれなくなり、新しい葡萄酒を、それが古い革袋を破って地面に洩れてしまわないうちに収納するための新しい革袋を見つけようとする熱狂的な試みが出てくる。

新しい画期的なアイディアは、それがどこから出てこようと、そしてまずどの領域で旧来の思考や行動の枠を揺がそうと、それが最初に出てきた分野の革新より遥かに大きな革新の可能性をもつ。そのようなアイディアは、極めて様々な、ときには奇怪な経路をさえたどって他の諸分野へ広がってゆく。例えば、その新しいアイディアが未だ入ってきてはいないが独自の内部問題によって非常に悩まされている分野で研究している誰かがたまたま、そのアイディアが最初に出てきた分野に熱中することもあろう。格別並はずれた普遍的な関心はもっていない科学者が、ただたまたま自分にとって重要なある領域について旧来と異なる新しい型の教育を受けていたという場合もあろう。たまたま聞いた学術講演とか通俗講演とか、ときにはSF本に出てきた話でさえ、新しい考えの引き金になることもあろう。

ともあれ、新しい知的酵母は、生物学上の酵母と同様に、外への感染力をもつ。事実、ある新しいアイディアに接触しても何の影響も受けず元のままでいるはずはない。こうして、いつの時代にも、最初は全く手が届かず不可解だった何らかの分野が、その内部構造や内蔵されている宝が開かれる方向へ開発されるばかりでなく、その時代の他の特定の知的関心と一般的な知的風土の両方を派生的に発展させる源泉にもなる事態が見られるのである。

一つの簡単だが重要な事例を挙げよう。今日でも非フロイト的な小説を書くことは可能だが、たとえフロイトが世に出現しなかったとしても同じ形式と内容の小説になっていたに違いないと言えるような作品を書くことは全く不可能である。我々の知的および芸術的な成長のどの分野でも、文化のどんな枝においても、知恵の木の実を味わうことは不可逆な過程である。

従って科学や技術が成長するということは、根本的には、我々を取り巻く世界の知的風土が変化してゆき、ある世代にとっては知的珍味であったものが次の世代には日常の糧になってしまうことを意味する。と言っても、新しいアイディアは生まれた当初に進歩的な思考の愛好者たちに広く賞味されるわけではない。そうではなく、それはやがて賞味されるものとして存在し、限られた時間内に、それに対して精神的免疫を持たない未感染者たちの間に起こる一種の連鎖反応〔四八頁参照〕によって広い伝染が起こる運命にある、ということを意味する。

麻疹（はしか）にたとえれば、新しいアイディアのウイルスが存在していて、早晩それが一カ所だけでなく多くの場所で病気を発生させる。おそらく、新しい考えを発疹する人は異常に感受性の高い人だけだが、その異常さの程度は一世紀に一人というほどのものである必要はない。少し言い方を変えれば、森の中の地面に茸が一本頭を出していたら、そこの地面の下には菌糸体が一塊り存在し、十分辛抱強く注意深く観察すれば同じ種類の茸の頭の先が他にも多数見つかるにちがいない。

知的革新は、発見または発明の形をとる場合であれ、新しい感覚や形態の美術工芸の開発の形をとる場合であれ、絶対的に至る所に現われることもなく、絶対的に孤立して現われることもない。例えば電話の発明の場合は、学術文献を広く調べれば、極めて様々な場所に、電話と呼んでもあまり突飛でない他の種々の装置を扱った論文や特許が見られる。

知的な仕事でも、その報酬が純粋に知的なものであって、適当な換算率で金に変換できる販売可能な発明ではないような分野の仕事の場合は、何か新しいアイディアに出会った時には、文献を十分綿密に調べさえすれば、同じアイディアがすっかり完成した形とか、もっと不完全に表現された形とかで何度も何度も出てくるだろうと予想するのが、ごく普通のおおらかな態度である。

ところが、特許を売ったり新発明を利用する商業的な企業に従事している人の場合は、そんなおおらかな平和的道義はもはや通用せず、人々は皆われがちに争う。こういう状況の下では、人は自分の側の大きな欠点は棚上げにして他人の小さな欠点に目をつけるだけでなく、そんな欠点が本当は最初からない場合にさえ挙げつらう。

よく世の中には惜しくも発明の名誉を逸したという連中がいる。もし法廷が自分にもう少し公平だったなら、自分は電話とか蓄音機とかラジオとかの発明の名誉をつかんでいたはずだと世に触れ回っている連中である。こういう男が、よくあることだが、自分の国の国家主義の当て馬に仕立て上げられた場合には、我々は、ロシア人が自分たちはエジソンやピューピンやスタインメッツの名に帰されている発明を残らずやったと主張しているのに対するのと同様に、その男の主張を笑い飛ばしてしまう。しかし、発明の歴史をよく知っている人たちは、あまり大声で笑い飛ばしはしない。なぜなら、特許の法律と商業的な販売とで堅固に護られている完成した発明の見掛けの歴史は、その発明の氷山のうちのたまたま水面上に出ている小さな一部に過ぎないものだからである。

特許を確立するためには、しばしば少なからぬ金額のドルを法律的および専門家的な助言を得るために投資せねばならないし、もし自分が、発明をしたばかりでなく発明家として成功した少数の人物の列に登りたいのなら、見栄えのする独創的な文書を示すだけでなく、自分の権利のために進んで闘う意志を示すことができねばならず、それにはなかなか金がかかる。どんな発明制度でも、裁判の判決で護られたことのない特許では権利の完全な防護は得られないが、とりわけ我が国の制度では、特許権は訴訟を起こすための切符にすぎない。

我が国の若い発明家たちの群れは、特許権を持っていることは売ることのできる価値のある権利を持っていることだと見なせるという幻想に陥っているように思われる。これ以上に真実から遠いことはありえまい。特許権証書の存在によって生じる権利の見込みは、最善の環境の下でも僅かなものであり、強力な既成利権の保有者たちに対しては事実上無力である。彼らは最善の法律的助言を手に入れることができ、立派な価値のあるアイディアを所有する弱者を訴訟に疲れ切らせ、それをそれ自体の重さに耐えられずに手放すようにさせることができる。

本書では既に我が国の特許制度の働きの一例をヘビサイドとピューピンの道徳的な態度についての話で述べた（第6章）。工学の素養のない裁判官が、自分が全く教育を受けていない分野に属するそのように技術的に複雑な問題に判決を下すことを期待されてきたのは、理解に苦しむことである。

私は決して、ピューピンの特許を是認した裁判官の誠実さに疑問を投じようとしているわけではない。しかし私は、そのように微妙な正邪の判別を専門的訓練を受けていない人たちに任せている制度に対して非常に強い抗議を表明せねばならない。特許法を扱う我が国の裁判官が発明発見の実際の過程について直接的な知識を全くもたないのは、いっそう一層重大である。

私は、法律の主要目的の一つは理論的な正義ではなく、所有権のような権利について後の係争を防止する明確で最終的な判定基準を与えることにあることを認めるにやぶさかではない。しかし、法律が、実際に起こったことについて事実に合わない理論に基づいている場合には、争いに対して公正な仕方で判決を下すことは、困難または不可能でさえある。権力や富の圧力と、それらを最高の腕の法律顧問を雇うのに使う能力があれば、最終の判決を支配できることはほとんど確実である。

特許弁護士がほとんどみな抱いている苦情の一つは、自分たちの主張を聞いてもらわねばならない裁判官が、事件の技術的側面についての素養がなく、実際に起こっていることは何であるのかを十分に知ることができないことである。場合によっては、この困難は事態の本質に属し、技術的な素養をもつ裁判官は不完全な判決をもたらす要因の一つを同様に重大な別の要因に置き換えるにすぎないであろう。とはいえ、工学と科学の専門的素養をもたない裁判官は、自分の判断を補強するため専門家に頼らざるをえず、特許訴訟に登場する専門家は、他の多くの訴訟の場合と同様、訴訟のどちらか一方の側に雇われた片方だけのための証人であり、専門家らしい判断と片方だけの弁護という両立できない役割の両方を果たさねばならない。

従来から時おり提案されてきたことだが、特許訴訟には片方だけのために証言する専門家に加えて、裁判官が法定助言者として用意する第三の専門家が必要だという説がある。この説には多くの言い分があるにせよ、そのような方法の採用には、それ独自の重大な弱点と限界がある。

公共の役務に対する報酬は極めて限られており、富裕な会社に高価な権利の占有を確保または強化するような証言に対して専門家がもらう報酬とは比較すべくもない。こういう状況の下では、大会社は第一級の名声をもつ証人たちを買い占めるための顧問制度の利用に強い魅力を感じる。

そのうえ、法的な概念が事実についての概念とあまり密接に関連していない問題について意見を求められた場合には、どんな意見でも、それが誠実でないことを証明して偽証であると断定するのは公正に見て不可能である。私の見解では、特許訴訟における専門家（鑑定人）の証言は、他の多くの訴訟における鑑定人の証言と同様に、少なくとも鑑定人が、本当はよく考えた上での意見ではないような、または少なくとも問題をあらゆる側から見つめる自由があると感じた場合だったならよく考えた上での意見ではないような、片側だけからの意見を述べる立場にしばしば立たされる限りにおいては、偽証の本質を深く含んでいる。

にもかかわらず、この意見の偽証性を、報酬をもらって自分の信念に応じた意見を述べる鑑定人を本当に脅かすところまで法廷で立証することは、ほとんど不可能である。そのうえ、鑑定人は自分を雇っている側に不利な証言をうっかり漏らせば、強者のために証言するという非常に儲かる仕事から締め出されてしまうことになる。

裁判官と鑑定人と、さらには一般大衆が発見の実際の過程に無知でいる限り、そして一般人からなる大陪審がこの無知の反響を示すにすぎない限り、特許訴訟は現在通りの非常に疑わしい色に染まり続けるであろう。このことは、その無知が真の知識不足による場合であれ、鑑定人と裁判官のどちらにも真の係争点を見つめることをいとわせるような一方的証言をすることの経済的有利さに支えられた意識的な無知による場合であれ、同様である。

もし私が、我が国の特許法の改善のためどんな方法や措置を採用すべきかについて積極的な意見を求められたら、私は困惑していると告白せざるをえない。特許権の使用または訴訟に対する利害当事者のためでなく法廷のための専門家を鑑定人として加えることの望ましさについては既に述べた。私は確かにそのような鑑定人の採用が奨励されるべきだとは思うが、この方法が困難の完全な解決に近いものを何かもたらすとは信じない。

私は専門家というものに大きな不信を抱いており、しかも役所は法廷用鑑定人として働く立派な人物を得ることもあろうが、このような軽い仕事は月並みの自己満足的なやり方で処理される傾向が少なくあるまい。そのうえ、鑑定の現実の問題点が大会社に雇われた専門家の手に握られ続けている限り、弱いほうの訴訟当事者と法廷とは自分のための鑑定人をリンゴ樽の底のほうから拾い出さねばなるまい。

この困難は緩和することはできても除去はできないと私は思う。実は私は鑑定人が誰に雇われた場合も、その地位を法廷自体から付与されて、法廷が定める報酬により法廷の職員として働くようになればいいがと思う。私はこんな万能薬を作れはしないが、そうなれば鑑定人の問題全体が現状より尊厳な基礎に基づき最初から建て直されるであろう。

我が国の特許制度を悩ましている一方側に雇われた鑑定人に特有の悪徳は、米国の特許の証拠価値が比較的低いことと無関係ではない。ドイツの特許と比べると、少なくとも第一次大戦前のドイツの正常な時代には、またある程度は二つの世界大戦の間の時期にも、アメリカの特許権は低い費用で容易に取得できたが、証拠価値は低かった。

ドイツの特許庁は、ヨーロッパのたいていの特許庁と同様に、専門の特許審査官による非常に徹底的な審査を要求し、それを経なければ特許権が得られず、その審査費用は出願者の負担であった。そのほかにも、ドイツの特許権にはアメリカの場合と比べて厳しい条件が課されていた。例えば、ドイツ人は紙の上だけの特許権を作ることを好まず、このことは、彼らが特許権は一定の期限内に産業に使用せねばならず、さもなければ失効すると主張した条文に表われていた。

こうして、ドイツの特許権は非常にまじめに考えられたものであって、ドイツの法廷で高い効力を持つものと見なされていた。逆に、アメリカの特許権は、特に最近のものは、かなり容易に許可されるが、その発明を実際に存在すると見なさせる証拠としての価値は非常にわずかしか持っていなかった。紙上の特許の柵の輪を作って、会社の利権をその柵が役立ちそうな方向に沿って護ることと、それらの特許を実際に使う意図なしに競争相手を困らせることだけを目指すアメリカの方式は、実はやや廃れてきたが、これまで米国で取得された多数の特許をもたらしてきたのであり、すべての特許の証拠的価値をいっそう低めてきた。

その結果、アメリカの特許は、一つの事業の確立にとって、一定量の訴訟を乗り越えるまでは、安全な土台にはならなくなった。そのため特許における実際の権威は行政官としての審査官から裁判官へ移ってしまった。ドイツでは特許審査官は本質的に、片側だけのために働くことのできない専門家であり、彼らの判断に与えられている高度の証拠的権威は、法廷援助者として働く鑑定人が特許訴訟で果たすであろう権威とよく似た効果をもっている。

高度に熟練した審査官の判断が証拠として大きな価値をもつ制度は、その下の特許の内容に基本的な権威を与え、それは工学と特許について特異な修練を積んだ人たちに依存する。我が国の平均的な連邦判事は特許については知識が非常に乏しく、しかもその僅かな知識もかなり偶然的に習得したものである。それゆえ私には、ドイツの制度はアメリカの制度より根本的に優れていて、技術の変化をよりよく認識できるように思われる。高度に訓練された特許審査官なら、技術の変化に気づくはずだが、特許問題を扱う我が国の裁判官は根本的に見て特許の裁判官ではなく、そのような訴訟についての経験があまりに乏しいため、技術の現状について真に自主的な知識を積み上げることができない。

私はヨーロッパの特許制度に似たものが本質的により優れた制度ではなかろうかと言っているのである。実際にそうであるのか否かという問題と、特許に関するあらゆるレベルの当局者たちに加えられている様々な圧力が早晩彼らを特許裁判官の現状より大してましでない状態へ追いやってしまうことがないか否かという問題には、私は答えられない。この問題に答えることは、もっとずっと徹底的な知識をもつ誰かに残されているが、その知識は、我が国の司法制度と行政制度の両方についての理論ばかりでなく実践をも網羅したものでなければならない。

発明と自然法則との違いの問題は新しい法律を要求するが、それよりもっと必要なのは特許の当局者たちの間の新しい考え方である。断片的で不完全な一個の研究成果は一つの発明のように見えるかもしれず、これに反してもっと徹底的な一個の研究は本質的には一個の自然法則として現われるのかもしれない。従って発明家にとっては自分の発明をあまりよく理解することは引き合わないことかもしれず、その発明を一部分として含むもっと大きな自然法則を十分に知ることによって、一つの限られた発明としてのそれへの権利を失う恐れさえある。これは私から見て忍び難い事態である。不徹底さと鈍感さが酬いられ、聡明な理解が罰を与えられるのだから。

厳密な意味での自然法則の発見者について言えば、発見者にその時代以降の全科学に影響を及ぼすようなものに対する長期的な支配権を与えることは明らかに不可能であり、また不公正である。そんな大きな権力をもつに相応しい人は皆無だし、そんな大きな権力によって利益を得られる人も皆無である。とはいえ、基礎的な発見の業績をあげた人物に対して政府が報酬を与える開明的な政策の採用は、考えられることである。

次の章では、この問題をもっと詳しく論じることにするが、そういう報酬は賞金付きの賞の形にすべきか、または賞のように数が限定されていない賞与の形がいいか、さらには極端な場合には年金の形にすべきかは、私には分からない。しかし私は、科学を生涯の仕事にすることを望む気持を、または、とにかくそのような生涯の安定性を高める何らかの制度を作り出すことが不可能だとは思わない。

しかし、これらの技術的改善は問題の核心に触れるものではない。その核心は、弁護士と裁判官たち一般、特に特許権や他の知的所有権を扱う人々に、技術の細目だけでなく発明や発見を構成する実際の過程についても、もっと良い教育を施すことにある。これは法令の改善や手続きの改革によって容易に処理できる問題ではなさそうに思う。それは社会全体が発明や発見をもっとよく、もっと広く理解してゆく歩みの中でしか達成されまい。もし私が本書によってこの歩みにわずかながらも貢献することができなかったとすれば、私は本書の目的を果たせなかったことになる。

11　目標と問題

第二次大戦以来今日〔一九五四年〕までの間に、我々のあらゆる政策に莫大な変化が起こり、科学政策もその例外ではなかった。この時期は数々の大計画の時代であり、科学研究の正常な方法として個人の影が薄れ大量攻撃法が台頭した時代であった。大学や他の古典的な科学研究機関と学術教育機関は恐ろしいインフレーションに見舞われて財源の多くを失い、社会に新しい訴えかけをする必要に迫られた。社会の方は危機意識に陥っており、眼前の数々の危険と闘うために学術の長期的な目的と理想を犠牲にする気構えができた。これらの危険の一つは米国とソ連との間の世界の覇権を求める闘争である。米国と同様に、ソ連は安定よりも未達成の一つの目標への不断の進歩を目指す哲学をもつ攻撃的な国家である。

しかし、ソ連およびソ連圏諸国複合体との我々の闘争は、中世のキリスト教圏とイスラム圏の間の決着のつかない闘争を既に大きく上回ってはいるが、今日の世代が直面せねばならないいくつもの闘争の一つにすぎない。戦闘的資本主義——資本主義は必ずしも戦闘的ではない——が我々の十九世紀の伝統の多くから逸脱した主義であることは、共産主義が、特にそれが万人は道徳的な権利と義務において平等であると主張するだけでなく能力においても同等であると主張する擬平等主義と結びついた場合にそうであるのと同様である。

我々が今までやってきた現在の論争や抗争はすでに何十年も続いている。それらは、どんなに長期にわたることになるかもしれないが、今まで我々の注意と関心を短期的な争いの形で引き付けてきたのであり、私はそれがまだ長期的平衡状態に達しているとは思わない。このような短期的抗争の段階では、それらは我々の注意を長期的な問題からそらせてきた。しかもそれらは我々の世論の大きな部分に長期的な問題の存在をさえほとんど気づかせなかった。もし我々が人類の未来をあらかじめ売ってしまうのでないなら、長期的な問題は長期的な社会的フィードバック——チェック・アンド・バランス〔社会の諸分野の相互抑制と均衡〕と言ってもよかろう——によって対処せねばならないことを、私はこれまで主張してきたし、ある程度は説明もしてきたと思う。

既に指摘したように、運動競技のうち短時間の強烈で極限的でさえある力の発揮を必要とする種目では、肉体の長期的要求を無視しても済む。スプリントの選手は体調が悪ければ心臓が破裂するかもしれないが、競技のための直接の消耗で餓死することはない。酸素不足で死ぬこともなかろう。なぜなら、かなりの量の酸素が血液と諸組織のヘモグロビンに結合されて貯蔵されているからである。この貯蔵が短距離走で使い尽くされることはありえない。

しかし、運動競技は短時間で終わるものだけではない。マラソンの走者は酸素消費速度が血液中への酸素取り入れ速度より大きければ走り続けることはできない。走者は競争の時間全体にわたり酸素要求について準平衡状態を保たねばならない。古代ギリシャのフェイディッピデスがマラトンからアテナイまで走り着くと気が狂って死んだという伝説は、まさしくそういう場合に何を予想せねばならないかを示している。同様に、一つの国または人類は、長く続く危機に直面せねばならない場合、長期的な要求を絶えず満たすことを決して無視することはできない。

さて、大戦争は普通は約五年以上は続かないし、我々が生きている時代に属する冷戦はまだ十年以上続いてはいない。しかし、我々の大統領［アイゼンハワー］が冷戦の危機と新しい熱い戦争の脅威は約四十年は続くだろうと言っているのだから、我々は貯蔵資源の消費だけに依存する手段によってこの脅威に対処することで満足してはいられない。

今から四十年後には、我々の主要な発明はおそらく、まだ夢想さえされていない科学的なアイディアに基づくものとなろう。ロシアと我々自身とが基礎科学の貯えを積み上げる速度の比は、ロシアとの競争に対処する我々の四十年間の能力の大きさを測るためには、我々が既に習得した科学的概念に基づく我々の現在の技術的な力とロシアのそれとの比より、おそらくいっそう適切な尺度であろう。ロシアは科学の水準を維持するための長期的な問題に対して今まで我々より多くの考慮を注いできたかもしれないことを示すある非常に現実的な証拠がある。もし我々が注意深くないなら、それは我々がもっているあらゆる技術的な方法と我々が今まで行なう能力を示してきた集中的な大規模の努力を全て相殺してしまうかもしれない。

ロシアは今後も長年にわたり、ひょっとすればアイゼンハワー大統領が言った四十年間よりさらに長く我々の主要な敵または潜在敵であるかもしれない。しかし、我々の長期的に見た主要な敵はロシアではなく、食糧と水と知識の不足、人口の過剰と、おそらく原子力時代の副産物の放射性物質により我々が生活している世界が汚染されるという新しい危険とからの絶え間ない脅威の間に探されるべきである。従って我々はスプリントではなくマラソンのための訓練へ進まねばならない。我々は、歴史の感覚に基づく未来に対する感覚を持たないなら、このマラソン競争に勝つことはできない。

だから本書は、現在のこの困難で混乱した時代においてさえ我々は長い視野を持ち長期的な勝ちを失わないようにせねばならないという訴えの書なのである。私は、我々が現在している努力がまだ不十分だと言うのではない。その努力はほぼ最大限に達している。しかしそれは確かに、全体的に見て、我々を混乱させ続けるであろう問題に対する正しい努力ではない。我々は長い前途の試練をアドレナリンだけの力で生き抜くことはできない。

本書の前章までの中で既に表立ってまたは暗に考察した事柄を要約してみよう。すでに述べたように、発明や発見の歴史に見られる基本的な事実の一つは、革新の過程における真に重要な一歩は、少なくとも多くの場合には、知的風土の変化そのものに他ならず、それはしばしば産業的利用に数十年も先立つ。産業化前のこの段階では、新しいアイディアはまだ導入されていない場合もあり、それに行き着くまでの思考の連鎖を形成する人物が一人か二人欠けていると、新しい発展が永久に不可能になることはないにせよ、一世代以上も遅れてしまうことは十分ある。

これに反し、発明の後期段階は、一般的な科学教育と多くの互いに別個の分野での思考が発達して新しいアイディアが評価を受けることが可能になる点まで達することによって始まる場合が多く、そういう評価はたいてい散発的にではなく反復的に起こる現象であり、多くの分野で多くの人により多くの国でほぼ同時に起こる傾向が非常に強い。私がこの最後の章で論じたいことは、そのような多重的な人間活動の十分な発達を可能にする最善の方法は何か、それとその多種多様な段階を促進するのにどんな手段が適当かということである。

発明のこの第二段階が十分に進み、様々な陣営の発明家たちが自信のもてるアイディアに取り組んでいる時期になれば、それらのアイディアが世の中全体と特に工業と工学に及ぼす影響の評価が徐々に可能になり始める。法的な所有権と保護の問題には、さらに特許弁護士の専門的助言が必要であるが、発明の歩みのこの特許段階を別にすれば、開発と利用の事業を計画することが可能になる。その事業はリスクを伴うが、それは概して計算可能なリスクである。

そのような計算できるリスクが見えてくれば、商業的な組織または今日多くの政府部局に見られる擬商業的な組織にとっては、そのアイディアを工学技術者と科学者からなる大きな細分化された集団に任せることや、その集団内の各人に特定の任務を課することさえも、容易に引き合う仕事になる可能性がある。もしその開発にリスクが全くないなら、おそらく報酬も得られないだろう。私が言っている事業は一定のリスクを考慮に入れたものであり、新しいアイディアが必ずしも本質的な役割を果たさない普通の種類の商業的事業とあまり違わない類似性をもっている。

大組織で研究と開発と工学的作業を大量攻撃と仕事の細分化によって達成するという考えは、国民の心と我が国の企業家と政府の役人の心の両方を魅惑した。その結果、発見や発明のための他の考えはほとんど締め出されてしまった。既に述べたが、ここでもう一度いうが、そんな考えは発見の歴史全体に適用することはできないものであり、特に発明への道の最初の最も重要な段階には決して当てはまらない。

初期の段階では、発明や発見への道は計算可能なリスクを含むものではない。第一に、真に発明的な頭脳はチャンスに挑まねばならない。誤ったスタートを長い間一度もしなかったとすれば、それはその発明家が絶対誤りをしない力を持つことを意味するのではなく、その人は自分のアイディアをいつもとことんまで突き詰めようとはしなかったことを意味するにすぎない。エラーを一つもしない野球選手は、自分が辛うじて処理できるかもしれないような打球は追わず、それが同僚の記録を汚す恐れを放置する選手である。

第二に、発明や発見における真に大きな着想は、成熟するまでに長い時間がかかる。そういう着想は、まだ現われていない他のアイディアが現われて遠い夢を現実的なものにしてくれるまではとうてい経済的利用を試みることはできない場合が非常に多い。発明は、長期間冷蔵しておきながら商業的に利用することはできない。発見を秘密にしておくことは、好むと好まざるとにかかわらず、その発見の恩恵を他の人々に拒否することを意味する。それをごく短い期間――少なくも真に基礎的な発明に関しては

――の後に世間に発表することは、それを公衆に献じることを意味する。本書でヘビサイドの場合について既に述べたように、このことは誰か一人の人に独占的な商業的権利を与えることの拒否を意味する。そうすれば、真に基礎的な発明が、それを発明した個人またはグループの商業的優位をもたらす可能性は非常に小さくなるだろう。そういう発明には一セントでさえ投資する価値がないことは、水の上に投げられたこのパン*が投げた人自身へ戻ってくるようにする手立てがないのと同様である。

*〔訳者〕旧約聖書の「伝道の書」十一章一行目には、「汝のパンを水の上に投げよ。汝をして多くの日の後それに再び出会わせるから」というような意味の言葉がある。

我々の経済機構は大きな計算されたリスクを考慮に入れるが、小さな計算されないリスクと計算できないリスクは考慮に入れない。このことは、それが社会全体の利益のためだという事実と矛盾せず、それは社会の一部の人がこれらのリスクを引き受けねばならないが、それらの人は正常な特定の利潤と報酬の機構の外にあるということを端的に意味している。では新しいアイディアを妊娠から分娩までにならうのは誰なのか？

我々の現状の社会には、大学や少数の財団のように非利潤動機に基づき運営されている科学機関がある。そのうえ、我々の社会には利潤動機を程々にしか感じない少数だが非常に重要な少数の個人がいる。これらの機関とこれらの個人の重要な機能が産業界に引き渡されると、それらの目的に非常に微妙だが重大な歪みが生じる。

確かに一部の産業と一部の会社は高度に個性的な科学者と高度に個性的な科学を雇用し続けている。

これはある程度までは、社会全般にも特定の会社に有利な環境にも貢献する個人と科学とを、もっと特殊な開発の問題のために常備しておけるからである。このような二重使用には、それらの個人と科学がそういう問題に忙殺されて、もっと大きなレベルの科学に貢献しなくなるというリスクもある。

一部の個人と一部の科学は、名声や評判による宣伝という形で産業にある種の二次的な貢献をすることもできる。チャールズ・スタインメッツとジェネラル・エレクトリック会社の結び付きは、非常に重要ですぐに使える数々の発明をもたらしたが、科学にとって何か重要なことがこの会社で起こっているという印象を世間に与えることにも役立った。このことは同社の宣伝係と同社の評判にいささか役立った。

しかしスタインメッツの場合は非常に特殊なケースだった。真に第一級の能力に加えて、彼の欠陥と、それと全く無縁ではない個性的な性格が、彼を華々しいものにした。しかしスタインメッツの場合は偶然の賜物であり、それほど華々しくない性質の創造的な人物を宣伝目的に従わせようとした会社は等しく成功を収めるには程遠い結果に終った。

一つの企業はこういう種類の人物を一人か二人は抱えることができようが、そういう人たちからなる十分大きい典型的な集団を抱えて、自分の会社と社会全体のために科学の泉の枯渇を防ぐに必要なアイディアの不断の更新を確保することは、実際には不可能である。

商業的な会社のやり方では、個性的な科学者の雇用に関して、特にそういう人物をもっと普通の技術者や開発用人員と同じ建物で使う場合に、別の困難にぶつかる。個性的な科学者は、その本性上、自分の真価に対する報酬は金銭にではなく自由にあると考えねばならない。最初からそういう種類の人間でない科学者は、まもなく開発室や、さらには販売部門のほうが、自分の主な関心を追求してゆくのに適した有利な場だと思うようになるだろう。

しかしまた、個性的な科学者が得るこの自由は、同じ建物で働くもっと普通の科学者たちにとっては苦労の種になり、純粋の産業労働者たちにとっては、なおさらそうであろう。そういう型破りの科学者は、非常に卓越した人でない限り、嫌われることになるが、卓越した人でさえ、そこに到達するには、卓越していない段階を次々に踏まなければならないのである。

こんなわけで、人々の好意と好感という点から見て、比較的基礎的な研究をする者は自分の性分に合うと同時に自分を必要とするような住み家を持つことが社会の利益になるのであり、そのような住み家として相応しいのは多くの場合、自由の愛好と同僚たちから尊重されたい気持とが自分にだけ許される特権ではなく職場の自然な環境の一部であるような施設である。

個性的な科学者の有用さがこのように限られていることと、そういう人の人類に対する奉仕が、その本質をずっと後の段階で見つける誰か遠くの人にではなく、その人の雇い主に特に利益をもたらすことが決して確かではないことを考え合わせると、なぜ商業的な研究所は科学の全面的な住み家になることができないかが明らかになるであろう。

今日の時代は、大研究所と利潤動機に敏感な人間を寵愛する。そのうえ、産業界の仲間たちとカントリークラブで交際したりブリッジのテーブルを一緒に囲むような人間を寵愛する。第一級の真の科学者は、自分に固有の活動の本性により、金銭やありきたりの栄華に余り関わっている暇はない。これはソースタイン・ヴェブレン〔反骨の経済学者、一八五七―一九二九年〕の生涯から我々がよく知らされていることである。

確かに大学教授は、大学の奇妙な保守主義や奇妙な種類の社会的承認に大学がこだわっていることに対して戦わねばならない。しかし、自由に対するこれらの制約が実在するとはいえ、それらは決して産業の雇用者を束縛している制約より大きくはない。大学の研究所にとって個性的すぎる人物は、ほとんど常に、産業界の研究所にとっても個性的すぎるのである。

ネコを殺すにはバターの中で溺れさせる以外の方法もある。しかし、結局のところ、バターの中で窒息させるのも、ネコを駆除するのに非常に有効な方法である。科学者の知的生殖力を殺してしまうには、百万ドルの研究費を与えて、それに見合った経済的成果を期待する方法以外のやり方もあるが、この方法も科学者の活動力を殺すに役立つ一つの方法である。有能で良心的な人間にとっては、大量の金の管理は、その背後にものすごく強い動機がある場合以外は、常に重荷である。もし私が自分の給料だけしか持っていないなら、たとえ私の新しいアイディアがだめで一年か二年成果なしに過ごしても、格別恥ずかしいとは思わない。しかし、もし私が最近まで特許権使用料や会社の首脳用に保留されていたような高額の給料で雇われたなら、私はたちまち自分の役立たなさを悩み始めることだろう。恐らく、私の雇い主をはじめ他の人たちも私を疑ってくるだろう。ともあれ、私の性分にとっては、途方もない給料を自分自身に途方もない重荷を強いることなしに受け取ることは困難である。

フリーランサー〔無専属で自由契約の仕事をする人〕は、純粋に資本主義の社会ではどこにもぴったりした場を得難い。ある程度までは、これは資本主義に限らないことである。そんな人は大規模な共産主義や社会主義の機構にも、少しもよく適合しはしない。それらの機構は、産業の伝統または国家の規律によって、予算化できないものを金銭の形または国民の準備労働量の形で予算化することを強いられるからである。「百万ドル」科学者は、一勝負に百万ドル賭ける人に他ならず、その金が私企業から来ようと国家独占体から来ようと、等しく自分の地位の奴隷である。

本書の狙いは、有能な科学者でありながらも慎しい人間として生きてゆくことを願う人のための訴えであり、それらの人は実はそういう行き方をしなければ自分の機能を十分に果たすことができないのである。私は資本主義制度や大企業や大国家があらゆる点で不当だと主張しているのではなく、それらの組織は発明と発見の問題においては世の中の社会的ニーズを完全に評価できるものではないことを主張しているにすぎない。それらの組織はどれも科学の活動と科学の責任をある狭い範囲に限定するものであり、そういう限定は人々の幸福にも、社会全体にも、資本主義や国家主義そのものの完全で長期的な健全さにとってさえも、必要なことではない。

利潤動機は重要かもしれないが、外部の利潤動機に屈従せず内部の利潤動機によって内的に支配されもしないグループを社会は育成せねばならない。我々は芸術でも科学でもフリーランサーを必要としており、フリーランサーにとって自然な住み家は、そういう人に独自の舞台を与えることを主目的にして設計された施設である。発明や発見の真に決定的な段階にとっては、小さな研究所と、グッゲンハイム財団のような個々の科学者の要求にうまく合う援助をするようによく組織された財団とが、不可欠な場を占める。

発見者や発明者のためにその発明発見を保全し穏当な生活を保証するための方法は、その発明発見者や、その雇い主や、その相続人や譲受人に、当の思考産物に対する永久的な財産権を与えるのでない仕方でなければならない。このことは、もし我々が今日多くの人が思っているのと同様に、創業の自由と個人的所有との権利には、いかなる動産や権利の所有者も自分の所有物を浪費、破壊、または抑圧する自由を暗に認められているという含意が含まれていると考えるなら、なおさらそうである。

歴史を見渡すと、カール・ドイッチュ教授が私に指摘したように、人の財産や長期的な資産が絶対的なものと見なされ、所有権が土地の労働産物を保存し享受する権利ばかりでなく、それらを浪費したり破壊する権利をも含んでいた時代は比較的少なかった。そのような時代の一つはローマ帝国の時代であり、もう一つは植民地の拡大の時代で、それはスペインの征服時代から始まり今日終わりに近づいた。ドイッチュ教授が私に説明したところでは、このような土地への無限の所有権の時代はまた奴隷を動産とした時代、すなわち人間に対する無限の所有権が認められた時代だった。

奴隷制度の時代の大半、特に中世の農奴制度の時代は、奴隷の所有者に自分の奴隷に対するやや限られた権利を与えた。農奴制度は農奴を土地に縛りつけ、地主の所有権の及ぶ限り農奴を土地に同化させた。少なくとも理論上は、地主は自分の農奴の肉体を自分の所有地の土壌以上に浪費的に扱う権利はもたなかった。さらに地主が自分の農奴や自分の土地を自分の絶対的な所有物として所有することを防いだのは、地主は農奴と土地の両方を自分の国王の権利に対する一定の明確な責任をもって保有したことであった。

ローマ帝国の奴隷宿舎と北米南部諸州の奴隷小屋、十六世紀のメキシコの銀山と二十世紀の南アフリカのダイヤモンド鉱山、これらは全て封建制度の場合より酷しくて浪費の多い伝統に属する。

人が自分の奴隷を死ぬまで働かせることと、土壌を将来の世代のために維持することなしに土壌の生産力の果実を摘み取ることとを許す態度はプランテーション〔植民地的大農園〕的態度と呼んでもよかろうが、この態度の背後には、アルベルト・シュヴァイツァーの態度である「生命の尊重」に対する直接の否定が横たわっている。人間を消費していい所有資産として扱うことは、言うまでもなく、生命の尊重の欠如である。だが森林を切り倒して植林なしに放置することも、土壌を浪費することも、人間の知性の土壌を不毛にすることも、やはりそうである。シュヴァイツァーはこれらの全てに共通な堕落を見てそれをきっぱりした言葉で告発したからこそ、近代的預言者の地位を獲得した。

こうして、真に基礎的なアイディアに対しては、本当の所有権（ownership）はありえず、そのようなアイディアを社会のために保管する管理責任（stewardship）のみがある。そのような管理を社会全体と創造的知性の持ち主との両方に公平な手段で最もよく助けるにはどうしたらいいか。政策に関わる大問題に簡潔に答えられる見込みはないが、重要と思われる因子を一つ二つ挙げてみよう。

発明がその社会的機能を果たせるためには、まずその発見が知られればならない。誰かが新しいアイディアを発見するだけでは十分でなく、その新アイディアが誰でも見られる文書に記録されるだけでも十分でない。情報［の量］というものは、単に何が言われているかに関するものではなく、言われていることと言われる可能性のあることとの比率に関するものである。

ある図書館に世界で最も偉大な書物があるとしよう。もし読者の注意を他のどの書物へも向けずに、その書物へ引き付けるシステムがないなら、その書物はあまり価値がなく、その価値は蔵書の総数が多くなるほど少なくなる。同様にして、一つの知的発見も、その発見を人々に認知させる機構がなければ、実際の価値は乏しいのである。

世界には、無言で無名のミルトンが沢山いるにちがいない。しかし彼らは無言で無名でいる限り、ミルトンのような働きをすることはできない。無言でなくても無名のため誰も彼らの声に耳を傾けなければ同じである。

発明的な頭の持ち主たちがあまり発明的でない人たちの山から何らかの認知行為によって選別されることが重要なのは、こういう理由によるのであり、学者にとって人から認められることが喜びや励ましになるなどということは二の次の理由にすぎない。自分の仕事の価値の有無がろくに分からないような人は真に第一級の知性の持ち主ではない。見せかけの謙遜は美徳の一つではない。

それどころか、澄みきった光り輝く宝石も大洋の底知れず深い海溝に沈んでいればほとんど価値がない。創造的な科学者が人々に認められることが重要なのは、第一には、当人にとってではなく、他の科学者たちやその人の研究成果を利用しようとしている人々にとってである。科学者に報酬と認知を与える制度が役に立つ第一の理由は、それが初学者と科学研究の成果を利用したいと思う人が探そうとする方向を見つけるのを助けるからである。

一つの新しい科学的なアイディアの発見者に、そのアイディアがもたらす商業的利益の完全な独占権を何らかの期間にわたり与えることは、望ましくもなく可能でもない。一方では、ある種のアイディアは影響が非常に重大なので、このような独占が効果的に行なわれれば生じるような利益は誰にも与えてはならない。私がこう言うのは、そのような権益をもった科学者に従属することになるような人たちのためばかりでなく、その科学者自身のためでもある。誰でもいわゆるＶＩＰ（要人）の地位を持ち続けることは、たとえその人が極めて謙虚であっても、重荷であり孤立化することである。新しいことに絶えず取り組まねばならない人間である学者の場合は特にそうである。

他方では、一個の科学的業績の価値が余すところなく明らかになるのは、それが多くの頭脳によって広く使われ、また他の人々の頭脳へ自由に伝えられてこそのことである。機密や所有権による制約は全て、人々にそういう先取りされた領域を自然に避けさせる働きをする。そうすることによって、それらの制約は、もとの発見に内在する帰結が実際に実現するのを遅延させる。副次的な問題として、それらの制約は、その発見者が自分の発見に依存する多くの人の仕事を介してもっと早く世に真価を十全に認められるはずなのを、遅延させてしまう。

純粋の所有権的報酬は適切ではないから、私の見解では、実際的な応用には迂遠な科学的業績に対しては何か他の報酬制度が作られるべきである。この制度は、真に創造的な個人を二次的にではなく本源的な仕方で選び出す方向へ向けられるべきである。その制度は、そのような人たちが満足できる環境で生活できるようにすることによって、それらの人たちの仕事をいくらか容易にすることを目指すべきである。そのためには、それらの人たちのした発見の終局的な商業的価値に比例した報酬は決して必要でない。ここで私は発明と発見を同一視して述べているのだが、これは排他的な財産権を問題にしているのではないからである。発見は将来の知識と技術に対して、発明と同様に大きな貢献をする。

そのような報酬がどんな形をとるべきか、その制度は誰によって運営されるべきかについては、私は断定的に言うことはできない。いくつかの選択的な可能性がある。賞と呼ばれるものは数が限定された報奨であり、科学活動の全面的な増加にともなって生産水準が変化してゆく傾向に応じにくい。そのほかに私が思いつくのは賞与であり、これは競争での相対的な優劣よりは知的活動の成果の絶対的な価値に基づく報奨である。もう一つ思いつくのは年金で、これなら受給者の生活水準の即時の改善をもたらすような仕方で与えることもでき、老後の心配をなくすような仕方で与えることもできよう。これらの方策のうちのどれが他より望ましいかということと、この重要な社会的任務をどんな機関に託すべきかを明言することは、差し控える。

ともあれ、科学的創造に報いる報奨は何であれ個人の幸福より社会の幸福を目的にすべきである。そのような報奨は、発見者の新しいアイディアの完全かつ自由な公表を条件にすべきである。真理は、それが人々に自由に手に入る場合にのみ、我々を自由にすることができる。

訳者あとがき

本書は Invention——The Care and Feeding of Ideas, by Norbert Wiener, with an introduction by Steve Joshua Heims, The MIT Press, 1993 の全訳です。

本書のもとになったウィーナーの遺稿は、今からちょうど四十年前に書かれました。それが今日に至った事情は、冒頭のハイムズの解説に詳しく示されています。ウィーナーは三十年前に七十歳で亡くなりました。

この遺稿が書かれた当時のアメリカは、マッカーシー上院議員などが先頭に立った赤狩り旋風が吹き荒れていた時季でした。そして、それからウィーナーの死までの十年間は、一九五七年のソ連による世界最初の大陸間弾道弾と人工衛星（スプートニク一号）の成功によってスプートニクショックと呼ばれるものが起こり、米英の言論界で、科学技術の研究開発と教育で「ソ連に追い付け、追い越せ」というスローガンが流行した時代でした。この原稿は、ごらんのような長期的視野に基づいて、そのような時流に根本的に逆らうものでした。

本書（一七七—八頁）によれば、当時米国のアイゼンハワー大統領は「冷戦の危機と新しい熱戦の脅威は約四十年は続くだろう」と言っていたそうで、ウィーナーは「ロシアは今後も、ひょっとすれば四十年よりさらに長く我々の主要な敵または潜在敵であるかもしれない。しかし我々の長期的に見た主要な敵はロシアではなく、食糧と水と知識の不足、人口の過剰、放射性物質による世界の汚染……」と書いています。彼は、こういう長期的に見た敵に対抗しうるような科学技術の発展のためには、彼の言う（一七六頁）「戦闘的資本主義」と「擬平等主義的共産主義」はどちらも極めて有害であるという見解を、彼が直接に巻き込まれている前者の特性の検討を中心にして述べました。

その約三十五年後に、その「擬平等主義的共産主義」の急速な崩壊によって米ソ冷戦体制の崩壊が始まりました。しかし、それからさらに五年後の今日になって見れば、「戦闘的資本主義」のほうは崩壊せず、しかも東西冷戦体制の瓦解が南北対立、民族対立、宗教対立を開放し、国際的にも、多くの国の国内でも、新たな経済的および武力的な抗争を開放したので、ウィーナーがこの遺稿で長期的視野から指摘した「我々の主要な敵」はますます力を増してきました。ちなみに、宗教上の神については、本書には「マモンは、ねたむ神である」とありますが（一〇八―九頁）、キリスト教の旧約聖書には「主はねたむ神である」とあり、新約聖書にはこの言葉は出てこないが、世界のどの一神教でも多神教でも現実にはしばしば、神はねたむ神として信じられてきたように思われます。

以上のような背景の下で初めて出版された本書は、今日から見てどんな価値と特性をもっているのかについて、以下で訳者の見解を簡潔に述べておきます。

旧来の西側圏（いわゆる自由世界）では、既に三十年前のウィーナーの死の前後――冷戦の真っ最中――の時期以来、戦争なしでも激化してゆく自然環境の破壊や汚染が、世のかなり多くの人々の間に、近代文明や近代科学への懐疑や不信を復活させ、これに呼応して、一部の自然科学者や他の一部の文化人が以前から唱えていたホーリズム（全体論）と呼ばれる種類の世界観が新しい人気を得てきました。この種の世界観は、近代西洋文明（または白人主導型キリスト教文化）の世界観と比べると、古来の東洋文明や原始的アニミズム文化（日本の場合は弥生時代よりは縄文時代の特徴を持つ文化）の世界観への親近性と共通性を多くもっています。その主な共通性は、生命をもつものは総て霊魂または精神をもつという考えと、生命という言葉が近代科学でいう生物の生命より遥かに広い意味で使われることと、全宇宙の一体観でしょう。このようなホーリスティックな世界観は、過去三十年間の世界の自然保護・環境保護運動の進展に、しばしば大きな役割を果してきたし、今もそうです。本書に出てくるシュヴァイツァーの「生命の尊重という態度」(一八七頁)もその線に沿ったものです。しかしウィーナーは本書でも「我々は因果関係が何らかの仕方で局所化している世界を相手にせねばならない。……」(二七頁)と指摘しています。生命という言葉を空間的にも時間的にもあまりに広いものを指すのに使うと、何でも勝手なことが言えるようになり、我々は何を相手にすべきかについて混乱や抗争に陥りがちです。ちなみに、我々は病原微生物や癌細胞の生命を尊重することはしばしば困難です。自然界の種々の生物のいわゆる調和では、食う者と食われる者の調和が重要な役割を占めていることを忘れてはなりません。人間の生命に限って考えても、一国家や一民族の全体主義がしばしば厄介であるだけでなく、人類の存続のためには一部の民族や一部の個人の犠牲はやむをえないという人類全体主義の危険も無視してはなりません。

ウィーナーは『サイバネティックス』と題する著書(一九四八年)によって世界の科学技術界と思想界に重要な衝撃を与えた人物です。サイバネティックスとは、同書の副題「動物と機械における制御と通信」が示唆するように、動物と機械の構造や働きの特性を、通信(情報のやり取り)と通信に基づく制御ということに注目して共通の言葉で研究する科学または科学的方法です。従ってこの科学では、動物と機械に共通する特性が注目の的になります。ただし、その動物とはヒトをも含みます。しかもこの科学では、ヒトや他の動物の個々の個体の特性だけでなく、同じ種または様々な種の多数の個体からなる社会的組織そのものの構造と機能の特性も、研究対象になります。機械(人工の機械)についても同様で、個々の機械やプラントの特性だけでなく、多数の様々な機械やプラントと個人と時には他の生物や無生物とからなる社会的組織そのものの構造と機能も、重要な研究対象になります。

ウィーナーは本書では、このようなサイバネティックスの見地から人間社会における発明発見という現象の過去・現在・未来を考察しました。従って彼はヒトという特殊な動物の現象を特殊な自然現象として客観的な科学の眼で考察したのです。と言っても、もちろん彼は、ヒトをバッタやタビネズミ（一三頁）とは著しく違う動物と見ただけではありません。それどころか本書には、その違いについての彼の主観的な希望や期待が熱烈に込められています。だから本書には例えば、巨大科学の枠にはまった科学者たちが巨大研究所を賛美するのは「罠にはまって尻尾を失ったキツネが、尻尾のショートカットを新流行に仕立てようとする試み」に類するという辛辣な比喩も出てきます（一三八頁）。

彼は本書で発明発見という人間社会に特有な現象の制御方法について、実際になされた活動の結果が意図した活動（または目指した目標）からどれだけ外れているかの情報をフィードバックして次の活動を加減するというサイバネティックス的制御を考察し、フィードバックのループのなかに、直前の活動だけでなく過去の歴史的時間にわたる活動の統計的データにもとづく未来予測を加えなければならないこと、しかし過去の歴史からは未来の確率的予測を引き出せるような統計的データを得ることはしばしば困難であることを指摘し、近代社会とか資本主義企業とかのような歴史的に短寿命のもののデータに基づいて十分長期的な視野に立つ予測と制御を試みることの危険を論じました（特に第9章）。しかし、人間を含む系の制御において、このように統計データに基づく確率的な未来予測をフィードバックループに加える必要を、高射砲の自動照準の問題を例にして説明する話は、名著『サイバネティックス』の長い序章の中に見られますが、本書の一五一頁にもちょっと出てきます。ウィーナーはヒトを含む物質系の現象に見られるヒトの特性については、科学的には、それを主にその統計データの形で考慮に入れただけでした。彼は前著『人間の人間的な使用』（本書七頁参照）でばかりか本書でも、「人間的」および「非人間的」という言葉を幾度も使っていますが、それらの言葉は科学以前の伝統的な人文学的意味で、または倫理的要請として使われたに留まっています。

思うに、ウィーナーの生きていた時代までの科学では、サイバネティックスの見地からでも、ヒトと他の動物との最も基本的な違いを科学的に見抜くことは、恐らく誰にも不可能でした。しかし、以来三十年の科学の進歩のおかげで、今はちがいます。今日の科学からみれば、私見によれば、ヒトの個体には、他のどんな生物の場合ともちがって、「自分の行動は、多少とも自分の意志によって選択したもの、または選択できるものだという観念を生み出す物的機構をもつ肉体（脳をふくめた）があり、かつその肉体は、そのような選択の主体である「自分の意志」と、そのような意志を抱く「自分」というものとが存在するという観念を生み出します。言い換えますと、個人が感じる自分の意志というものは、自分が自由意志によって選択したと感じる行動をする前にではなく、した後に（した行動の原因や理由を解釈する無意識の働きによって）形成される観念です。行動の事前には、もししかじかの行動をすればしかじかの結果とそれに伴う快感または不快感が得られるであろうという予測的な想像や空想が起り、それと感情機構との連動によって行動が自動的に決定され、事後にそれは自分の自由意志による選択の結果だったと感じるのです。しかし、そのような事後の概して無意識な解釈に基づくにせよ、自己の存在および自分の自由意志というものを明確に自覚しうるがゆえに、個人は自分が自由意志でしたと感じる行為の結果に対して責任を感じることができます。しかも、脳を中枢とするこのような個人の肉体機構は、何らかの意味での霊魂や神の存在という観念をも作り出すという特性を持っています。こんな生物は、たぶんヒトだけでしょう。こういう見解を私は著書『心と物と神の関係の科学へ——自我の構造と人間行動の原理』（一九九三年、白揚社）で、その科学的根拠を整理して解説しておきました。

これとちがいウィーナーのほうは、ヒトの心理学的特性については、フロイトのアイディアに深い共感と高い評価を与えていたことが、本書にもはっきり見られます（一四二頁、一六五頁）。フロイト（一八五六—一九三九年）

は、十九世紀末葉の人体生理解剖学と物理化学を参照しながら、ヒトの心理的または精神医学的な現象を扱う科学的理論を構築するための仮の足場として、リビドーという半物質的な流体と自我原理や超自我原理のような心理法則の化身みたいなものとを想定して精神分析学を組み立てました。それは半神話的または半呪術的な理論と技術でしたが、ヒトの意識（自覚）の下層に潜む無意識の心理活動の存在とその重要さを人々に気付かせた点と、ある範囲で実際に有効な新しい精神医学的心理療法技術を開発した点で、価値ある発明と逆発明（発明の逆過程、一二〇頁以下）でした。フロイトから出発したユング（一八七五―一九五七年）が構築した心理学についても同様なことが言えましょう。こう見ると、古今東西の宗教も、それぞれ心理学的技術上の発明と逆発明の産物と見なせるように思われます。二十世紀の後半、殊にウィーナーの死後三十年間の科学の進歩、特に分子生物学とサイバネティックス的な動物行動学と脳科学と生理学的心理学の発達によって今やようやく、フロイトが発明または発見したアイディアを発展的に解消させる十分科学的な心理学と心理技術の発明および逆発明のための――本書の言葉を借りれば――「知的風土」と「技術的風土」が整ってきたが、「社会的・経済的風土」のほうはどうか？どんな逆発明が生れるかは、社会的・経済的風土にいっそう大きく左右されるようですが。

本書は、科学的および社会的に見て以上で述べたような特徴を持つ書物であり、この遺稿が書かれた時代より、今日においてのほうが、いっそう文化価値の高い書物のように思われます。以上で訳者が述べた本書の特徴に留意する読者にとっては、なおさらそうではないでしょうか。

＊

この訳書の原書の本文は、ハイムズが解説で述べている口述筆記の原稿を、そっくりそのまま活字にしたものらしく思われます。ウィーナーは、ひどい近眼であったこととその他の原因で、原稿は大てい秘書に口述して筆記してもらい、できあがった原稿を読み直すことは稀だったそうですが、この原書には、例えば、十七世紀イギリスの数学者John Wallis（ウォリス、三四頁）がWallaceと記され、Sinhalen（シンハラ語の、すなわちセイロン語の）がBinhalenと印刷されているような直ぐ判読できるミスと、文章の構文上や意味上の不備のため原文通りには翻訳できない箇所とが、数々ありました。後者についてはウィーナーが言おうとしたであろうことを精々推察して訳文を作り、いくつかの箇所ではそのむね訳者註を付けておきましたが、ウィーナーが本書一四二頁でダンテの作品の翻訳について述べている意味で翻訳家に課された規範を逸脱している箇所がいくらかあるかもしれないことを申し添えます。

一九九四年六月

訳　者

マ

マイトナー，リーゼ　129
マカダム　83
マクスウェル　13, 39, 86, 104
マクローリン　38
マッカーシー上院議員　125
マッカラン上院議員　29, 125
マテオ・リッチ　72
マモン（富みの神）　109
マルクスとエンゲルス　24, 26
マルコ・ポーロ　71
マーロウ（作家）　103

ミルトン　187

メナイキモス　33, 34
メンデルスゾーン，モーゼス　53

孟子　156

ヤ

ユークリッド　46, 139

ラ

ライプニッツ　107
ラグランジュ　37-40
ラプラス　37-39
ラボアジェ　84, 85

ランフォード伯　→トンプソン

リー，Y. W.　3 f

ルクレティウス　39
ルドルフII世　106
ルベーグ　38, 45

レーウェンフック　67
レオナルド・ダ・ヴィンチ　12, 60-63, 126, 142
レーリー，J. W. S.　86, 87

ローゼンバーグ（ジュリアス，エセル夫妻）　132
ロックフェラー財団　55
ロバチェフスキー　140

ワ

ワット，ジェームス　69 f, 81

タ

ダイダロス　29, 81
ダンテ　142, 143

チェリーニ，ベンベヌト　106

テイト，ピーター　86
ティルフォード　83
デーヴィー，ハンフリ　86
デヴィソン，クリントン　105
デカウチンスキーのセメント　128
デカルト　34
テニソン（詩人）　157 f
デ・フォレスト，リー　97
デモクリトス　39
テーラー，ジェフリー・I　38

ドイッチュ，カール　20, 186
トムソン，ウィリアム　→ケルビン卿
ドルベア，アモス　93
トレミー（プトレマイオス）　79
トンプソン，ベンジャミン（ランフォード伯）　13, 85, 107

ナ

ナポレオン　38, 84

ニーダム，ジョセフ　14
ニューコメン　69 f
ニュートン　25, 28, 34 f, 91, 141

ノイマン，ジョン・フォン　146

ハ

ハイゼンベルク　41 f, 105, 141
パーシー，アーノルド　14
パスカル　36
バロー，アイザック　34

ピューピン，マイケル　8, 99-103, 107, 167, 168

ファラデー　18, 86
フィリッポス王　81
フェイディッピデス　177
フェルマー　34, 36
フォード財団　55
フックス，クラウス　132
ブラーエ，ティコ　67
プラトン　29, 80 f
フランクリン，ベンジャミン　13, 83, 85
プランク　91
フーリエ　38
プリース，ウィリアム・ヘンリ　94, 95
プリーストリ　85
ブレイク（詩人）　83
フレミング，ジョン　97
フロイト　142, 165
プロクルステス　122
プロメテウス　35, 103

ベクレル　127
ヘビサイド，オリバー　8 f, 13, 95-98, 102, 168, 180
ペリクレス時代　29
ベル　93, 105
ヘルツ，ハインリヒ　86, 98
ヘルムホルツ　87
ベーレント，B. A.　101
ヘロン　79
ヘンダーソン（Hendersonn, Hazel）　17

ホイヘンス　66 f
ポープ（詩人）　25
ホブズボーム，エリック　14
ボヤイ，ヤノシュ　140
ボルツマン　39
ボレル　38, 45

索　引

（人名および準人名のみ）

ア

アイゼンハワー大統領　177, 178
アインシュタイン　91, 127, 129, 141
アップルトン（出版人）　96
アリストテレス　91
アルキメデス　34, 79
アルハゼン　64
アレクサンドロス王　81

ウェーバー，ヴィルヘルム　87
ヴェブレン，ソースタイン　184
ウェルズ，オーソン（映画監督）　8
ウォリス，ジョン　34
ウォルトン，アーネスト　106, 128
ウォルポール，ホレース（作家）　43

エウリピデス　142
エジソン　13, 28, 89 f, 91, 98, 104, 167
エプスタイン，ジェーソン（編集者）　8 f, 19, 21

オネス，カマリング　105

カ

カヴァリエリ　34
ガウス，K. F.　87
カーネギー財団　55
カピッツァ，ピョートル　105
カポネ，アルフォンソ　109
ガリレオ　66 f
カルダーノ　106
カルノー，ラザール　84

ギッブズ　39 ff, 44-46, 91, 141
キップリング　25
キャンベル　99, 101
キュリー夫妻　106, 126

クラム，ラルフ・アダムス　143
クロムウェル　82
グンベル，エミール，J.　149

ケプラー　34, 67, 106
ケルビン卿（トムソン，W.）　13, 86, 87, 95

孔子　156
コックロフト，ジョン　106, 128
コナント，ジェームズ　26
ゴルツ　17
コロンブス（の卵）　125

サ

サッケーリ，ジェロニモ　140

シェークスピア　116
ジーメンス社　105
シャノン，クロード　41
シュヴァイツァー，アルベルト　186
ジョージェスク - レーゲン　17

スウィフト　36, 95, 116
スタインメッツ，チャールズ　167, 182
スタールマン，W. D.　20
ステヴィン　84
スピノザ　67